U0194942

高等院校计算机与艺术设计专业"十二五"规划教材

Photoshop CS5 TUXIANG CHULI YU SHEJI

Photoshop CS5 图像处理与设计

主　编　尚　存　　曲旭东
副主编　李　宏　　苏文芝　　高春庚　　高丽燕
　　　　洪易娜　　邱　锐　　孙秀明

河南大学出版社
·郑州·

图书在版编目(CIP)数据

Photoshop CS5 图像处理与设计/尚存,曲旭东主编. —郑州:河南大学出版社,2012.11

ISBN 978-7-5649-1084-6

Ⅰ.①P… Ⅱ.①尚…②曲…Ⅲ.①图像处理软件 Ⅳ.①TP391.41

中国版本图书馆 CIP 数据核字(2012)第 276539 号

责任编辑	阮林要	
责任校对	文 博	
装帧设计	郭 灿	

出版发行 河南大学出版社

地址:郑州市郑东新区商务外环中华大厦 2401 号

邮编:450046

电话:0371-86059750(职业教育出版分社)

　　　0371-86059701(营销部)

网址:www.hupress.com

排　版	河南金河印务有限公司	
印　刷	郑州市今日文教印制有限公司	
版　次	2013 年 3 月第 1 版	
印　次	2013 年 3 月第 1 次印刷	
开　本	787mm×1092mm　1/16	
印　张	13	
字　数	308 千字	
定　价	32.00 元	

前　言

随着计算机应用的普及和 Photoshop 技术的发展,以 Photoshop 为代表的平面设计软件已经被广泛地应用到各类设计、各类规划和效果图后期等领域中。

Photoshop 图形图像处理软件界面直观且富有人性化,操作简单,具有较强的灵活性。经其处理的景观效果图能够更加真实地刻画出各景观要素的色彩、质感,能够营造出极其真实的环境。借助它,我们能够对图像进行精细的修改并能通过计算机来进行各种复杂的后期加工,取得人工设计所无法比拟的巨大效益。因此,Photoshop 在图形图像处理、环境艺术、平面设计、景观展示、计算机应用、场地规划、风景景观工程、城市设计等后期处理中具有画龙点睛的效果。

全书深入浅出地运用实际案例介绍了平面设计软件 Photoshop 在图形图像处理上的必备知识、基本技能操作和案例实训,吸收了当前平面设计和图像处理的最新成果,以实用为原则,基础知识以够用为度,重点进行操作技能的训练。每章节实际案例操作步骤详细,案例典型,目的是通过案例讲解带来更多的思考和发挥的空间。

本书采用了理论联系实际的案例驱动的教学方法,结合案例共分上、下两篇 8 章内容。上篇为后期处理必备知识与技术:第 1 章对 Photoshop 必备知识进行概述,第 2 章介绍 Photoshop 选区应用知识,第 3 章介绍 Photoshop 如何运用图像编辑与调整工具,第 4 章讲解通道与蒙版的应用,第 5 章讲解滤镜的使用。下篇为图像处理实用案例:第 6 章讲解网页设计综合应用,第 7 章介绍空间设计效果图后期处理与制作,第 8 章对人文景观图像的设计与处理的一般步骤和常用技巧进行详细讲解。

本书具有三个突出特点:① 具有较强的针对性,主要针对环境艺术设计、图形图像设计、计算机科学技术、计算机辅助设计、园林设计、城镇规划及相关专业的学生,也可供从事计算机应用或环境艺术设计工作的人员阅读参考;② 按读者的认知规律安排教材内容,由易到难安排教学案例;③ 采用了理论联系实际的案例驱动的教学方法,结合案例进行基本知识、基本操作和操作技巧的介绍,使学生在模仿中掌握软件的操作和设计的要领,从而培养学生的创造性思维与创新能力。

本书由尚存、曲旭东担任主编,由李宏、苏文芝、高春庚、高丽燕、洪易娜、邸锐、孙秀明担任副主编。其中,第 1 章由尚存负责编写,第 2 章由孙秀明负责编写,第 3 章由高春庚负责编写,第 4 章由李宏负责编写,第 5 章由洪易娜负责编写,第 6 章由苏文芝负责编写,第 7 章由邸锐负责编写,第 8 章由高丽燕负责编写。全书由尚存、曲旭东统稿,由信阳师范学院邬长安教授(硕士生导师)负责审稿。

本书可以作为环境艺术设计、平面设计、图形图像设计、计算机科学技术、城镇规划、园林艺术设计及计算机应用技术专业教材,也可以作为图形图像制作爱好者的自学用书。

由于作者水平所限,书中不足之处在所难免,望读者批评指正。

编　者
2012 年 11 月

目　录

上篇　基础知识篇

下篇 案例实训篇

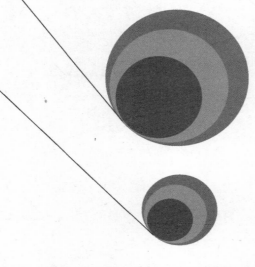

上篇　基础知识篇

Photoshop 必备知识

内容导航

在运用 Photoshop 进行图像处理之前，我们必须了解一些关于图形图像方面的专业术语以及印前基本知识，本章所介绍的基本知识都是图像后期处理所要掌握的基本知识。只有通过学习，才能更好地发挥 Photoshop 图像设计软件优越的功能，从而进行创意和设计。

学习要点

■ 图像的类型
■ 图像的分辨率
■ 常见的文件格式
■ 色彩模式

招式示意

图像的类型

图像分辨率

图像的色彩模式

界面介绍

Photoshop 内容识别

HDR摄影升级

1.1   图像的类型

在计算机中,图像是以数字方式来记录、处理和保存的,所以,图像也称为数字化图像。图像类型大致可以分为两种:位图图像与矢量图像。这两种类型的图像各有特点,认识它们的特色和差异,有助于创建、编辑和应用数字图像。在处理时,通常将这两种图像交叉运用,下面分别介绍位图图像和矢量图像的特点。

1.1.1   位图图像

位图是由许多方格状的不同色块组成的图像,其中每一个小色块称为像素,而每个色块都有一个明确的颜色。由于一般位图图像的像素都非常多而且小,因此看起来仍然是细腻的图像,当位图放大时,组成它的像素点也同时成比例放大,放大到一定倍数后,图像的显示效果就会变得越来越不清晰,从而出现类似马赛克的效果,如图 1 - 1 和图1 - 2所示。

 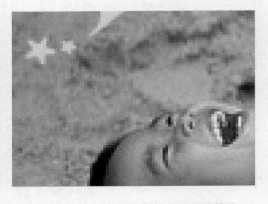

图 1 - 1   原始位图图像   图 1 - 2   位图图像局部放大后显示效果

※小贴士:

(1) Photoshop 通常处理的都是位图图像。Photoshop 处理图像时,像素的数目和密度越高,图像就越逼真。

(2) 鉴别位图最简单的方法就是将显示比例放大,如果放大的过程中产生了锯齿,那么该图片就是位图。

(3) 位图图像的优点在于表现颜色的细微层次,例如照片的颜色层次,且处理也较简单和方便。缺点在于不能任意放大显示,否则会出现锯齿边缘或类似马赛克的效果。

1.1.2   矢量图像

矢量图也称为向量图,其实质是以数字方式来描述线条和曲线,其基本组成单位是锚点和路径。矢量图可以随意地放大或缩小,而不会使图像失真或遗漏图像的细节,也不会影响图像的清晰度。但矢量图不能描绘丰富的色调或表现较多的图像细节。

矢量图形适合于以线条为主的图案和文字标志设计、工艺美术设计等领域。另外,矢量图图像与分辨率无关,无论放大或缩小多少倍,图形都有一样平滑的边缘和清晰的视觉效果,即不会出现失真现象。将图像放大后,可以看到图片依然很精细,并没有因为显示比例的改变而变得粗糙,如图 1-3 和图 1-4 所示。

图 1-3　原始矢量图像　　　　　　图 1-4　矢量图像局部放大后显示效果

※小贴士:
(1) 典型的矢量软件有 Illustrator、CorelDRAW、FreeHand、AutoCAD 等。
(2) 矢量图与位图的区别:位图所编辑的对象是像素,而矢量图编辑的对象是记载颜色、形状、位置等属性的物体,矢量图善于表现清晰的轮廓,它是文字和线条图形的最佳选择。

1.2　图像的分辨率

1.2.1　像素

像素是组成图像的基本单元。每一个像素都有自己的位置,并记录着图像的颜色信息。一个图像包含的像素越多,颜色信息就越丰富,图像效果也就越好。一幅图像通常由许多像素组成,这些像素排列成行和列。当使用放大工具将图像放大到足够大的倍数时,就可以看到类似马赛克的效果,如图 1-5 和图 1-6 所示。

1.2.2　分辨率

分辨率是单位长度内的点、像素数目。分辨率的高低直接影响位图图像的效果,太低会导致图像模糊粗糙。分辨率通常以"像素/英寸"(pixel/inch)来表示,简称 ppi。例如,72ppi 表示每英寸包含 72 个像素点,300ppi 表示每英寸包含 300 个像素点。图像分辨率也可以描述为组成一帧图像的像素个数。例如,800×600 的图像分辨率表示该幅图像由600 行,每行 800 像素组成。它既反映了该图像的精细程度,又给出了该图像的大小。

在通常情况下,分辨率越多,包含的像素数目也就越多,图像越清晰。图1-7、图1-8和图1-9所示为相同打印尺寸但不同分辨率的三个图像,可以看到,低分辨率的图像比较模糊,高分辨率的图像相对清晰。

图1-5　原始图像 　　　　　　　　　　　　图1-6　图像放大后马赛克效果

图1-7　分辨率72像素/英寸　　　图1-8　分辨率150像素/英寸　　　图1-9　分辨率350像素/英寸

1.2.3　像素与分辨率的关系

像素与分辨率的组合方式决定了图像的数据量。例如,1英寸×1英寸的两个图像,分辨率为72ppi的图像包含5184个像素,而分辨率为300ppi的图像则包含多达90000个像素。打印时,高分辨率图像比低分辨率图像更清晰。

※小贴士:

分辨率的高低直接影响图像的效果,分辨率太低,导致图像粗糙,打印输出时图像模糊,使用较高的分辨率会增大图像文件的大小,并且降低图像的打印速度,只有根据图像的用途设置合适的分辨率才能取得最佳的使用效果。现列举一些常用的图像分辨率参考标准：

（1）图像用于屏幕显示或者网络，分辨率通常为 72ppi。

（2）图像用于喷墨打印机打印，分辨率通常为 100～150ppi。

（3）图像用于印刷，分辨率设置为 300ppi。

1.3　常见的图像文件格式

图像的格式即图像存储的方式，它决定了图像在存储时所能保留的文件信息及文件特征。使用"文件→存储"命令或"文件→存储为"命令保存图像时，可以在打开的对话框中选择文件的保存格式，当选择了一种图像格式后，对话框下方的存储选项选项组中的选项内容便会发生相应的变化，如图 1－10 和图 1－11 所示。

图 1-10　选择格式

图 1-11　选择格式后存储选项变化

1.3.1　PSD(.PSD)格式

PSD 是 Photoshop 中使用的一种标准图像文件格式，是唯一能支持全部图像色彩模式的格式。PSD 文件能够将不同的物体以层的方式来分离保存，便于修改和制作各种特殊效果。以 PSD 格式保存的图像可以包含图层、通道及色彩模式。

以 PSD 格式保存的图像通常含有较多的数据信息，可随时进行编辑和修改，此格式是一种无损失的存储格式。"＊.psd"或"＊.pdd"文件格式保存的图像没有经过压缩，特别是当图层较多时，会占用很大的硬盘空间。若需要把带有图层的 PSD 格式的图像转换成其他格式的图像文件，需先将图层合并，然后再进行转换；对于尚未编辑完成的图像，选用 PSD 格式保存是最佳的选择。PSD 图标的显示状态如表 1－1 所示。

表 1 −1　PSD 图标

格式	图标
PSD 格式	PSD 照片 617 Adobe Photoshop ...

1.3.2　JPEG 和 BMP 格式

　　JPEG 格式文件存储空间小,主要用于图像预览及超文本文档,如 HTML 文档等。使用 JPEG 格式保存的图像经过高倍率的压缩,可使图像文件变得较小,但会丢失部分不易察觉的数据,其保存后的图像没有原始图像质量好。因此,在印刷时不宜使用这种格式。

　　BMP 格式是一种标准的位图图像文件格式,使用非常广泛。由于 BMP 格式是 Windows 中图形图像数据的一种标准,因此在 Windows 环境中运行的图形图像软件都支持 BMP 格式。以 BMP 格式存储图像时,可以节省空间而不会破坏图像的任何细节,唯一的缺点就是存储及打开图像时的速度较慢。JPEG 和 BMP 图标的显示状态如表 1 −2 所示。

表 1 −2　JPEG 和 BMP 图标

格式	图标
JPEG 格式	照片 283 3872 x 2592 JPEG 图像
BMP 格式	无标题 717 x 185 BMP 图像

※小贴士:

　　若图像文件不用做其他用途,只用来预览、欣赏,或为了方便携带,存储在软盘上,可将其保存为 JPEG 格式。

1.3.3　TIFF 和 EPS 格式

　　TIFF 格式是平面设计领域中最常用的图像文件格式,它是一种灵活的位图图像格式,文件扩展名为".tif"或".tiff",几乎所有的图像编辑和排版程序都支持这种文件格式。TIFF 格式支持 RGB、CMYK、Lab、索引颜色、位图模式和灰度的色彩模式。

　　EPS 格式主要用于绘图或排版,是一种 PostScript 格式,其优点在于在排版软件中以较低分辨率预览,将插入文件进行编辑排版,在打印或输出胶片时以高分辨率输出,做到工作效率和输出质量兼顾。TIFF 和 EPS 图标的显示状态如表 1 −3 所示。

表 1-3 TIFF 和 EPS 图标

格式	图标
TIFF 格式	 表1-3 图 913 x 478 TIF 文件
EPS 格式	 表1-3 图2 EPS 文件

1.4 色彩模式

Photoshop 中可以自由转换图像的各种色彩模式。由于不同的色彩模式所包含的颜色范围不同以及其特性存在差异,在转换中会存在一些数据丢失,因此在进行模式转换时,应按需处理图像色彩模式,以获得高品质的图像。不同的色彩模式对颜色的表现能力可能会有很大的差异,如图 1-12 和图 1-13 所示。

图 1-12　RGB 模式下的图像效果　　　　图 1-13　CMYK 模式下的图像效果

1.4.1 RGB 颜色模式

RGB 色彩模式是 Photoshop 默认的颜色模式,也是最常用的模式之一,这种模式以三原色红(R)、绿(G)、蓝(B)为基础,通过对红、绿、蓝的各种值进行组合来改变像素的颜色。当 RGB 色彩数值均为 0 时,为黑色;当 RGB 色彩数值均为 255 时,为白色;当 RGB 色彩数值相等时,产生灰色。无论是扫描输入的图像,还是绘制的图像,都是以 RGB 模式存储的。RGB 模式下处理图像比较方便,且 RGB 图像比 CMYK 图像文件要小得多,可以节省内存和存储空间。在 Photoshop 中处理图像时,通常先设置为 RGB 模式,只有在这种模式下,图像没有任何编辑限制,可以做任何的调整编辑,如图 1-14 所示。

1.4.2 CMYK 颜色模式

CMYK 颜色模式是一种印刷模式。因为该模式是以 C 代表青色(Cyan),M 代表洋色(Msgenta),Y 代表黄色(Yellow),K 代表黑色(Black)四种油墨色为基本色,它表现的是白光照射在物体上,经过物体吸收一部分颜色后,反射而产生的色彩,又称为减色模式。

图 1 - 14　RGB 色彩图像

　　CMYK 色彩被广泛应用于印刷和制版行业,每一种颜色的取值范围都被分配一个百分比值,百分比值越低,颜色越浅,百分比值越高,颜色越深。

1.4.3　灰度模式

　　使用灰度模式保存图像,意味着一幅彩色图像中的所有色彩信息都会丢失,该图像将成为一个由介于黑色、白色之间的 256 级灰度颜色所组成的图像。在该模式中,图像中所有像素的亮度值变化范围都为 0 ~ 255。0 表示灰度最弱的颜色,即黑色;255 表示灰度最强的颜色,即白色;其他的值是指黑色渐变至白色的中间过渡的灰色。灰度文件中,图像的色彩饱和度为零,亮度是唯一能够影响灰度图像的选项。灰度图像效果如图 1 - 15 所示。

图 1 - 15　灰度图像效果

1.5 Photoshop 工作环境及界面

安装了 Photoshop CS5 中文版后,系统会自动在 Windows 的程序菜单里建立一个图标"Adobe Photoshop CS5",执行命令"开始→程序→Adobe Photoshop CS5",可启动 Photoshop CS5 程序并进入其主操作界面,如图 1−16 所示。其操作界面由菜单栏、选项栏、工具箱、图像窗口、工作区、状态栏和各种面板等组成,与 Photoshop CS4 相比,其界面没有发生太大变化。使用者可根据目前工作状态对工作区模式进行选择。

图 1−16 Photoshop CS5 主操作界面

1.5.1 Photoshop CS5 界面概述

1.5.1.1 应用程序栏

在应用程序栏中,单击 按钮可启动 Adobe Bridge 程序对图像进行查看,单击 按钮显示或者隐藏参考线、网格和标尺。

1.5.1.2 菜单栏

菜单栏位于应用程序栏下方,提供了进行图像处理所需的菜单命令,共 11 个菜单,分别是文件、编辑、图像、图层、选择、滤镜、分析、3D、视图、窗口和帮助。在 Photoshop CS5 菜单栏中,增加了 3D 菜单,该菜单中的命令可对 3D 对象进行合并、创建和编辑,创建 3D 纹理以及组合 3D 对象和 2D 对象。

1.5.1.3 工具选项栏

在工具选项栏中可以对当前选中的工具进行设置。选择不同的工具,在选项栏中就会显示相应工具的选项,可以设置关于该工具的各种属性,以产生不同的效果。

1.5.1.4　工具箱

在工具箱中,可以在各个工具之间进行切换,从而对图像进行编辑,如图 1 – 17 所示,其中包括 50 多种工具。这 50 多种工具又分成了若干组排列在工具箱中,使用这些工具可对图像进行选择、绘制、取样、编辑、移动和查看等操作,单击工具图标或通过快捷键就可以使用这些工具。

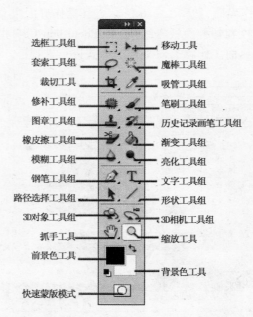

选框工具组　　移动工具
套索工具组　　魔棒工具组
裁切工具　　　吸管工具组
修补工具组　　笔刷工具组
图章工具组　　历史记录画笔工具组
橡皮擦工具组　渐变工具组
模糊工具组　　亮化工具组
钢笔工具组　　文字工具组
路径选择工具组　形状工具组
3D对象工具组　　3D相机工具组
抓手工具　　　缩放工具
前景色工具　　背景色工具
快速蒙版模式

图 1 – 17　Photoshop CS5 工具箱中各工具的名称

1.5.1.5　状态栏

状态栏位于工作窗口的最底端,用来显示当前图像显示比例和文档大小。

1.5.1.6　选项卡

选项卡功能是 Photoshop CS5 中的新增功能,可以通过切换选项卡来查看不同的图像。

1.5.1.7　浮动面板

浮动面板也称为面板,是 Photoshop CS5 工作界面中非常重要的一个组成部分,也是在进行图像处理时实现选择颜色、编辑图层、新建通道、编辑路径和撤销编辑操作的主要功能面板。面板最大的优点是单击面板右上角的 ▇▇ 按钮,可以将面板折叠为图标状,把空间留给图像,如图 1 – 18 和图 1 – 19 所示。

※小贴士:

按 Shift + Tab 键可以在保留显示工具箱的同时显示或隐藏所有面板,如图 1 – 20 所示。

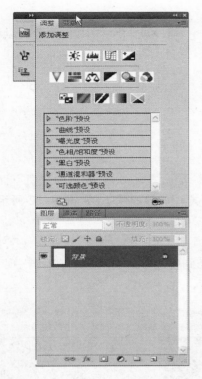

图 1-18 面板组

图 1-19 折叠面板组

图 1-20 Shift + Tab 键使用后的图像效果

1.5.1.8   工作区切换器

工作区切换器是 Photoshop CS5 中最具人性化的设置。在切换器中,使用者可以根据工作环境的不同来选择不同的工作区模式,也可以设置自己喜欢的工作界面。

1.5.1.9   图像窗口

图像窗口是用来对图像进行查看的平台。

1.5.2   显示/隐藏所有面板

1.5.2.1   快速显示/隐藏面板步骤

启动 Photoshop CS5 程序,打开图像,如图 1 – 21 所示,按 Tab 键,即可隐藏所有面板。当面板全部隐藏后再按 Tab 键则可恢复到隐藏面板之前的界面状态,如图 1 – 22 所示。

1.5.2.2   自动显示隐藏面板步骤

执行命令"编辑→首选项→界面",打开"首选项",勾选"自动显示隐藏面板",如图 1 –23所示,然后单击"确定"按钮。将鼠标指针移动到应用程序窗口边缘,单击出现的条带即可显示面板。

图 1 –21   隐藏所有面板

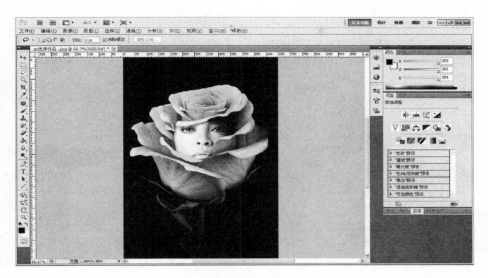

图1－22　显示所有面板

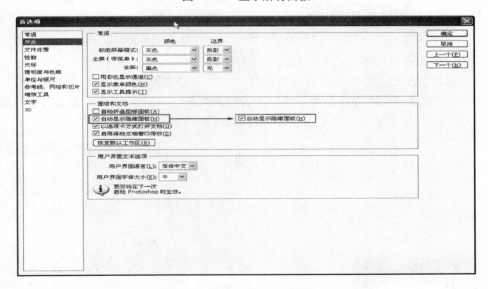

图1－23　勾选"自动显示隐藏面板"

1.6　Photoshop CS5 新增与改进功能

　　Photoshop CS5 采用了全新的选择技术,能精确地遮盖和检测最容易出错的图像边缘,使复杂图像的选择变得更加容易。新增的内容识别填充可以填补丢失的像素,此外图像润饰和逼真的绘图功能以及三维应用全面简化,使操作更为方便和快捷。

1.6.1　内容识别填充

　　Photoshop CS5 新增的内容识别填充可以自动从选区周围的图像上取样,然后填充选区,执行命令"编辑→填充→内容识别",像素和周围的像素相互融合,如图1-24所示。

图1-24 内容识别填充

1.6.2 选择复杂图像

对于复杂图像,只需要鼠标轻松点击,就能选择一个图像的指定区域,调整边缘进行快速构图。使用新增的细化工具可以改变选区边缘、改进蒙版。选择完成以后可直接将选取范围输出为蒙版、新文档、新图层等项目,如图1-25所示,只需要三个步骤:第一步,执行命令"工具箱→快速选择工具";第二步,执行命令"快速选择工具→调整边缘";第三步,执行命令"调整边缘→边缘检测→调整边缘→输出"。

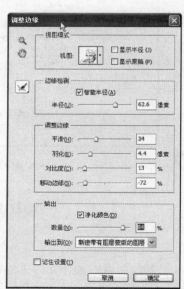

图1-25 使用调整边缘功能调整图像

1.6.3   图像操控变形

图像操控变形功能,类似于中国皮影戏中的皮影操作动作。执行命令"编辑→操控变形",在图像上添加关键节点后,就可以对图像进行变形,如图 1 – 26 所示为大象象牙变形。

图 1 – 26   使用操控变形功能调整图像

1.6.4   自动镜头校正

"自动镜头校正"滤镜以及文件菜单中的新增功能"镜头校正"可以查找图片的数据,如图 1 – 27 和图 1 – 28 所示。Photoshop CS5 会根据用户使用的相机和镜头类型对色差和晕影等一些数据做出精确调整。

图 1 – 27   原始图像

1.6.5   HDR 摄影升级

Photoshop CS5 对摄影方面的支持主要体现在图像细节处理上,对于许多细节上的问题,如高感光上出现的噪点,能够进行有效的遏制。HDR Pro 工具可以合成包围曝光的照片,创建写实或者超现实的 HDR 图像。执行命令"图像→调整→HDR 色调",效果如图 1 –29所示。

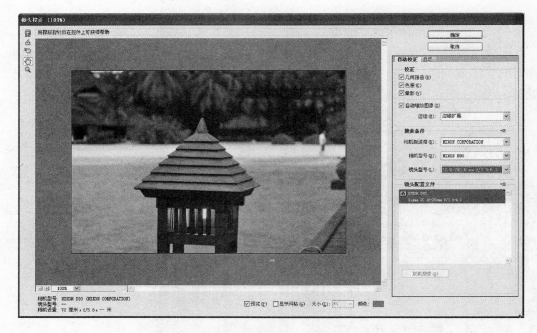

图1-28 自动镜头校正后的图像效果

图1-29 HDR色调处理后的图像效果

1.6.6 强大的绘图效果

Photoshop CS5可以借助混合器笔刷和毛尖笔刷创建逼真、带纹理的笔触,也可以将照片轻松地转变为绘画效果或者为其创建独特的艺术效果。使用者可以通过画笔选项修改画笔的形态,并同时改变绘画效果,执行命令"滤镜→艺术效果→绘画涂抹",效果如图1-30所示。

1.6.7 增强对3D对象制作功能

使用新增的"3D凸纹"功能,可以对文字、路径及所选对象进行3D处理,效果如图1-31所示。

图 1-30 实现绘图效果处理的图像

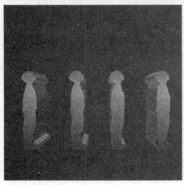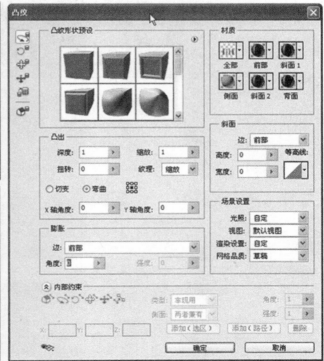

图 1-31 实现 3D 凸纹功能处理的图像

1.6.8 更出色的媒体管理

使用 Mini Bridge 面板能够在工作环境中访问资源,如图 1 - 32 所示。

图 1 - 32   Mini Bridge 面板

Photoshop 选区应用

内容导航

在 Photoshop CS5 中,选区的应用是许多操作的基础,因为大多数的操作都不是针对整个图像的,针对图像部分操作的过程就是选区的应用,在选区的应用中会涉及各种工具的使用。灵活地使用各种工具并充分发挥自己的创造性,可以绘制出精彩的平面作品。

学习要点

■ 图像选区的选取
■ 图像选区的编辑
■ 图像选区的存储与载入
■ 实例讲解

招式示意

圆形选区　　　　　　单列选区

多边形套索　　　　　磁性套索

扩展选区　　边界选区　　魔棒工具

2.1　图像选区的选取

图像选区的选取主要分为规则选区的选取和不规则选区的选取。规则选区选取工具有矩形、椭圆选取工具和单行、单列选取工具,不规则选区选取工具有套索选取工具和魔棒选取工具。

2.1.1　矩形、椭圆选取工具

使用矩形或椭圆选取工具可以创建外形为矩形或椭圆形的选区,具体操作过程如下:

(1) 在工具箱中选择矩形选取工具或椭圆选取工具。

(2) 在图像的窗口中拖动鼠标即可绘制出一个矩形或椭圆形选区,此时建立的选区以闪动的虚线框表示,如图 2-1 所示。

图 2-1　绘制选区

(3) 在拖动鼠标绘制选框的过程中,按住 Shift 键可以绘制出正方形或圆形选区,按住 Alt + Shift 键,可以绘制出以某一点为中心的正方形或圆形选区。

(4) 此外,在选中矩形或椭圆选取工具后,可以在选项栏的"样式"列表框中选择几种控制选框尺寸和比例的方式,如图 2-2 所示。

样式:　固定比例　宽度:1　⇄　高度:1

图 2-2　样式种类

2.1.2　单行选取工具和单列选取工具

单行选取工具和单列选取工具用于在被编辑的图像中或在单独的图层中选出 1 个像素宽的横行区域或竖行区域,如图 2 - 3 所示。

图 2 - 3　单行单列选区

2.1.3　套索选取工具

套索选取工具在实际中是一组非常有用的选取工具,它包括 3 种套索选取工具:曲线套索工具、多边套索工具和磁性套索工具。拖拉套索工具,可以选择图像中任意形态的部分。

2.1.3.1　曲线套索工具

曲线套索工具可以定义任意形状的区域。选择工具箱上的套索工具,将鼠标移动至图像工作区中,在打开的图像上按住鼠标左键不放,拖动鼠标选取需要的范围,将鼠标拖回至起点释放鼠标左键,即可选择一个不规则形状的范围。

2.1.3.2　多边形套索工具

使用曲线套索工具时按住 Alt 键,可将曲线套索工具暂转换为多边形套索工具使用。多边形套索工具的使用方法是单击鼠标形成固定起始点,然后移动鼠标就会拖出直线,在下一个点再单击鼠标就会形成第二个固定点,依此类推直到形成完整的选取区域,如图2 -4所示。

图 2 - 4　多边形套索工具选区

2.1.3.3 磁性套索工具

磁性套索工具的使用方法是按住鼠标在图像中不同对比度区域的交界附近拖拉，Photoshop 会自动将选区边界吸附到交界上。使用磁性套索工具，就可以轻松地选取具有相同对比度的图像区域，如图 2-5 所示。

图 2-5 磁性套索工具选区

2.1.4 魔棒选取工具

魔棒工具是根据相邻像素的颜色相似程度来确定选区的选取工具。选择工具箱中的魔棒工具，此时选项栏如图 2-6 所示。

容差：32 ☑消除锯齿 ☑连续 □对所有图层取样 调整边缘…

图 2-6 魔棒工具选项栏

当使用魔棒工具时，Photoshop 将确定相邻近的像素是否在同一颜色范围容许值之内，所有在容许值范围内的像素都会被选上。魔棒工具的选项浮动窗口如图 2-6 所示，其中容差的范围在 0~255 之间，默认值为 32。输入的值越低，则所选取的像素颜色和所单击的那一个像素颜色越相近。当选择此选项后，不管当前是在哪个图层上操作，所使用的魔棒工具将对所有的图层都起作用，而不是仅仅对当前图层起作用。魔棒工具产生的效果如图 2-7 所示。

图 2-7 魔棒工具效果

2.1.5 "色彩范围"命令

Photoshop CS5 提供了"色彩范围"命令创建选区,利用此命令创建选区,不仅能一边预览一边调整,还能完善选取范围,具体操作过程如下:

(1) 执行"选择→色彩范围"命令,弹出如图 2-8 所示的对话框。

(2) 在"色彩范围"对话框中间有一个预览框,显示当前已经选取的图像范围。

(3) 单击"选择"列表框,如图 2-9 所示,选择一种选取颜色范围的方式。

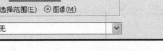

图 2-8 取色范围选项

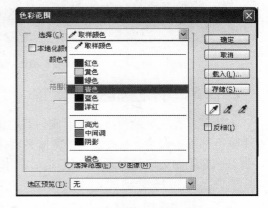

图 2-9 "色彩范围"对话框

2.2　图像选区的编辑

通过本节的学习我们将学习图像选区的编辑,包括选区的基本操作、选区的修改操作和选区的存储与载入操作。

2.2.1 移动选区

在选区建立之后,将鼠标移动到建立的选区内,鼠标指针会变换形状,拖动鼠标即可移动选区,如图 2-10 所示。为了使操作更为准确,在移动选区时可以使用一些小技巧:

(1) 按 Shift 键,在选区拖动后,可以将选区移动的方向限制为 45 度的倍数。

(2) 按上下左右键可以分别将选区向对应的方向进行移动,并且每次移动一个像素。

2.2.2 增大、减小选区范围

在创建了选区之后,可以进行选区的增大或减小操作,具体操作过程如下:

(1) 单击工具栏中的"添加到选区"按钮,或按 Shift 键,可以将新绘制的选区添加到已有的选区中。

(2) 单击工具栏中的"从选区减去"按钮,或按 Alt 键,可以从已有的选区中删除新绘制的选区。

(3) 单击工具栏中的"与选取交叉"按钮,或按 Alt + Shift 键,可以得到新绘制的选区与已有选区交叉部分的选区,按 Ctrl + D 键取消已有的选区。

图 2 – 10   移动选区效果

2.2.3   羽化选区

羽化可以在选区的边缘附近形成一条过渡带,这个过渡带区域内的像素逐渐从全部被选中到全部不被选中。过渡边缘的宽度为羽化半径,单位为像素。羽化选区可以分为:选前羽化——在绘制选区前设置羽化值;选后羽化——在绘制选区之后再对选区进行羽化。

2.2.3.1   选前羽化

在工具箱中选中了某种选取工具后,工具选项栏中会出现一个"羽化"框,在该框中输入羽化数值后,即可为将要创建的选区设置羽化效果。

2.2.3.2   选后羽化

对已经选好的一个区域设定羽化边缘,具体操作过程如下:

(1) 打开一幅需要羽化边缘的图片,然后使用椭圆选取工具绘制一个椭圆选区,如图 2 – 11(a)所示。

(2) 设置羽化值为 0,然后执行"选择→反选"命令,反选选区,接着按 Delete 键删除背景,结果如图 2 – 11(b)所示。

(3) 此时回到第(1)步,执行"选择→修改→羽化"命令,在弹出的"羽化选区"对话框中输入羽化数值 40,如图 2 – 11(c)所示,单击"确定"按钮,结果如图 2 – 11(d)所示。

2.2.4   扩展和收缩选区

在图像中建立了选区后,可以指定选区向外扩张或向内收缩一定的像素值,具体操作过程如下:

(1) 打开一幅图片,选中要扩展或收缩的选区,执行"选择→修改→扩展"命令,在弹出的"扩展选区"对话框中输入数值,单击"确定"按钮,即可将选区扩大输入的数值,结果如图 2 – 12 所示。

(2) 回到(1),执行"菜单→修改→收缩"命令,在弹出的"收缩选区"对话框中输入数值,单击"确定"按钮,即可将选区收缩输入的数值,结果如图 2 – 13 所示。

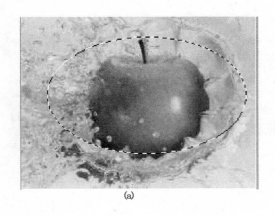

(a)

(b)

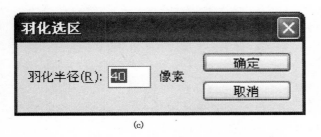

(c)

(d)

图 2 - 11 羽化过程

图 2 - 12 扩展范围效果

图 2 - 13 收缩范围效果

2.2.5 边界选区

边界选区是指将原来选区的边界向内收缩指定的像素得到内框,向外扩展指定的像

素得到外框,从而将内框和外框之间的区域作为新的选区,具体操作过程如下:

打开一幅图片,选中要扩边的选区部分,执行"选择→修改→边界"命令,在弹出的"边界选区"对话框中输入数值,如图 2 – 14 至图 2 – 16 所示。

图 2 – 14　创建选区　　　图 2 – 15　设置边界选区选项　　　图 2 – 16　边界选区后效果

2.2.6　平滑选区

在使用魔棒等工具创建选区时,经常出现一大片选区中有一些小块未被选中的情况,通过执行"选择→修改→平滑"命令,可以很方便地去除这些小块,从而使选区变完整,具体操作过程如下:

(1)打开一幅图片,选中要平滑的选区部分,如图 2 – 17 所示。

(2)执行"选择→修改→平滑"命令,在弹出的"平滑选区"对话框中输入数值,如图 2 – 18 所示。单击"确定"按钮,即可将选区平滑为输入的数值,结果如图 2 – 19 所示。

图 2 – 17　创建选区　　　图 2 – 18　平滑选区选项　　　图 2 – 19　平滑选区后结果

2.3　选区的存储与载入

同一个选区可能要使用多次,为了方便以后操作,可以将选区存储起来,存储后的选区将成为一个蒙版显示在通道面板中,当用户需要时可以随时载入这个选区,具体操作过程如下:

(1)打开一幅图片,选中要存储的选区部分,如图 2 – 20 所示。

(2)执行"选择→存储选区"命令,在弹出的"存储选区"对话框中设置参数,如图 2 – 21所示。

图 2-20　创建选区　　　　　　　图 2-21　"存储选区"对话框

文档:用于设置该选区范围的文件位置,默认为当前图像文件。如果当前有相同分辨率和尺寸的图像打开,则这些文件也会出现在列表中。用户还可以从文档下拉列表中选择"新建"选项,创建一个新的图像窗口进行操作。

通道:在该下拉列表中可以为选取的范围选择一个目的通道。默认情况下,选区会被存储在一个新通道中。

名称:用于新通道名称的设置。

操作:用于设定保存时选区的范围和原有范围间的关系,默认为"新建通道",其他的选项只有在"通道"下拉列表中选择了已经保存的 Alpha 通道时使用。

(3)单击"确定"按钮,即可完成选区范围的保存,此时在通道面板中将显示出所保存的信息,如图 2-22 所示。

(4)当需要载入原来保存的选区时,可以执行"选择→载入选区"命令,此时会弹出"载入选区"对话框,如图 2-23 所示。

图 2-22　通道面板　　　　　　图 2-23　"载入选区"对话框

反相:选中该复选框后,载入的内容反相显示。

新建选区:选中后将新的选区代替原有选区。

添加到选区:选中后将新的选区加入到原有选区中。

从选区中减去:选中后将新的选区和原有选区的重合部分从选区中删除。

与选区交叉:选中后将新选区与原有选区交叉。

（5）单击"确定"按钮，即可载入新选区。

2.4　实例讲解

2.4.1　简单裱图

要点：本例将对一张照片进行简单装裱，加装相框，通过练习掌握对选区进行选取、复制、粘贴和描边的操作。

操作步骤：

（1）执行"文件→打开"命令，选择要装裱的照片，如图 2 - 24 所示。

（2）使用矩形选取工具选择一定选区，如图 2 - 25 所示。

（3）按 Ctrl + C 复制选区，执行"文件→新建"命令，按 Ctrl + D 粘贴选区，如图 2 - 26 所示。

（4）对图片进行描边处理，执行"编辑→描边"命令，如图 2 - 27 所示，单击"确定"按钮，结果如图 2 - 28 所示，这样就给一张照片进行了简单的装裱。

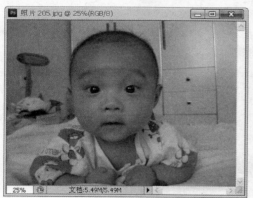

图 2 - 24　打开原图

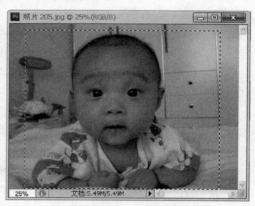

图 2 - 25　选择选区

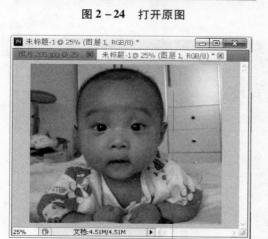

图 2 - 26　复制粘贴选区

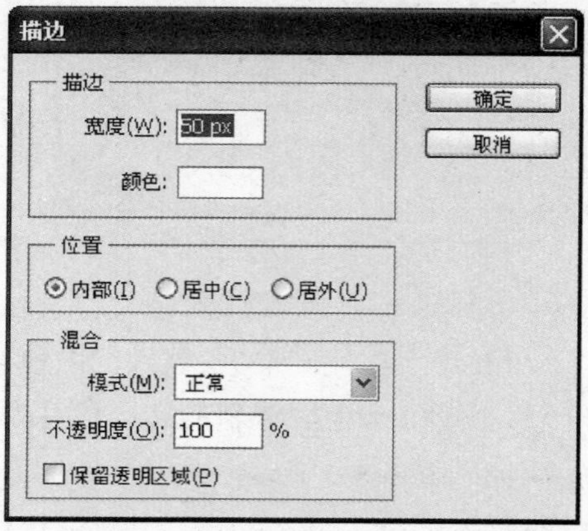

图 2 - 27　"描边"对话框

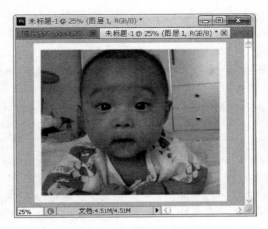

图 2－28　描边结果

2.4.2　彩色光盘

要点：本例将制作一张彩色光盘，通过学习图形选区的知识，对选区进行描边和渐变工具的使用。

操作步骤：

（1）执行"文件→新建"命令，对弹出的对话框进行参数设置，如图 2－29 所示。

（2）选择工具箱中的渐变工具，使用线性渐变，对背景层进行从上到下的渐变填充，渐变色从深蓝到蓝白到蓝，如图 2－30 所示。

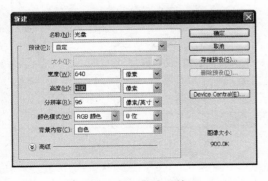

图 2－29　新建文件

图 2－30　设置渐变色

① 执行"视图→标尺"命令，显示标尺，使用工具箱中的移动工具，从标尺上拖出参考线，横向纵向各一条，如图 2－31 所示。

② 选择工具栏中的椭圆选取工具,按住 Shift + Alt 键,以参考线的交叉点作为圆心绘制圆形选区,如图 2 – 32 所示。

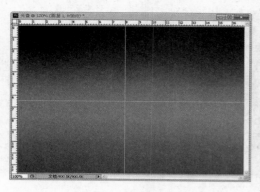

图 2 – 31　参考线

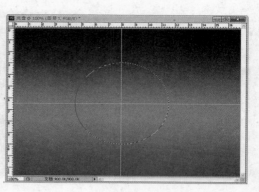

图 2 – 32　创建正圆选区

③ 单击图层面板下方的"创建新图层"按钮,创建一个新图层,如图 2 – 33 所示。然后选择工具箱中的渐变工具,使用角度渐变设置渐变色,如图 2 – 34 所示。

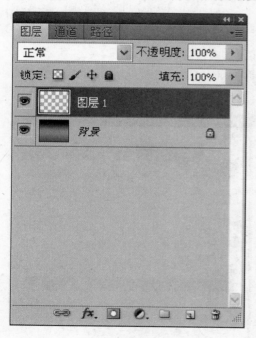

图 2 – 33　创建新图层

图 2 – 34　设置渐变色

④ 在"图层 1"上以参考线交叉点为圆心拉出渐变线,结果如图 2 – 35 所示。执行"编辑→描边"命令设置选项,如图 2 – 36 所示。将大圆进行白色描边处理,结果如图 2 – 37所示。

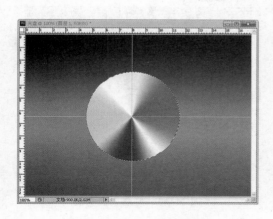

图 2 - 35 设置圆形渐变

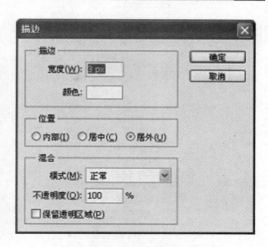

图 2 - 36 描边设置对话框

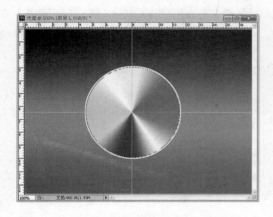

图 2 - 37 描边后结果

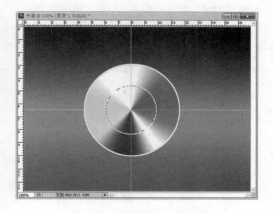

图 2 - 38 设置圆形选区描边

⑤ 按 Ctrl + D 键取消选区,选择工具箱中的椭圆选取工具,同时按住 Alt + Shift 键从参考线交叉点拖拉出圆形选区;继续执行"编辑→描边"命令,将圆形进行白色描边处理,设置描边的宽度为 2,单击"确定"按钮,结果如图 2 - 38 所示;最后按 Delete 键删除选区。

⑥ 同理,创建一个圆形选区,使用 1 像素的白色描边,接着按 Ctrl + D 键取消选区,如图 2 - 39 所示。

⑦ 选择工具箱中的魔棒工具,创建选区,如图 2 - 40 所示。

⑧ 选择工具箱中的渐变工具,使用线性渐变,利用"白 - 蓝"渐变颜色进行填充,如图 2 - 41 所示。按 Ctrl + D 键取消选区,如图 2 - 41 所示为最终效果。

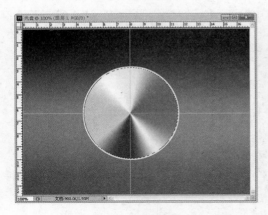

图 2 – 39　创建选区并描边

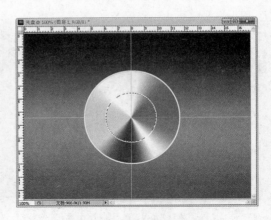

图 2 – 40　魔棒工具选取

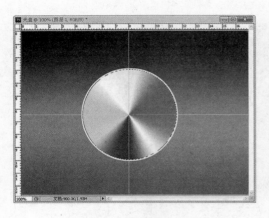

图 2 – 41　填充选区

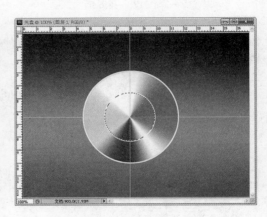

图 2 – 42　最终效果

使用图像编辑与调整工具

内容导航

在应用 Photoshop 进行图像处理的过程中,对图像进行必要的编辑和调整是一个重要的环节。本章主要介绍 Photoshop 编辑图像的基本方法,包括应用图像编辑工具编辑图像、复制图像、变换图像等。通过本章的学习,能够了解并掌握图像的编辑方法和应用技巧,快速地应用命令对图像进行适当的编辑与调整。

学习要点

- 快速选择工具得到选区
- 图层混合模式
- 图像编辑工具的应用
- 图像调整工具的应用

招式示意

制作选区　　　　　羽化

模糊处理　　　　　色彩平衡

3.1　巧换新装

3.1.1　快速选择工具

快速选择工具的使用方法是基于画笔模式的,你可以"画"出所需的选区。如果是选取离边缘比较远的较大区域,就要使用大一些的画笔大小;如果是要选取边缘则换成小尺寸的画笔大小,这样才能尽量避免选取背景像素。注意使用快速选择工具时按 Shift 键是加选,按 Alt 键是减选。

3.1.2　图层混合模式

Photoshop 中图层混合模式有正常、溶解、变暗、正片叠底、颜色加深、线性加深、深色、变亮、滤色、颜色减淡、线性减淡、浅色、叠加、柔光、强光、亮光、线性光、点光、实色混合、差值、排除、减去、划分、色相、饱和度、颜色、明度。

在 Photoshop CS5 中混合模式应用广泛。混合模式有相当重要的作用,首先了解一下当前层(即使用混合模式的层)和下面图层(即被作用层)的关系。

3.1.2.1　正常

这是 Photoshop CS5 的默认模式,选择此模式后当前层上的图像将覆盖下层图像。

3.1.2.2　溶解

当前层上的图像呈点状粒子效果,当不透明度的值小于 100% 时效果更加明显。

3.1.2.3　变暗

当前层中的图像颜色值与下层图像的颜色值进行混合比较,混合颜色值亮的像素将被替换,混合颜色值暗的像素将保持不变,最终得到暗色调的图像效果。

3.1.2.4　正片叠底

当前层图像颜色值与下层图像颜色值相乘再除以数值 255,得到最终像素的颜色值。任何颜色与黑色混合将产生黑色。当前图层中的白色消失,显示下层图像。

3.1.2.5　颜色加深

该模式可以使图像变暗,功能类似于加深工具。在该模式下利用黑色绘图将抹黑图像,利用白色绘图将起不了任何作用。

3.1.2.6　线性加深

该模式可以使图像变暗,与颜色加深模式有些类似,不同的是该模式通过降低各通道颜色的亮度来加深图像,而颜色加深是增加各通道颜色的对比度来加深图像。在该模式下使用白色描绘图像不会产生任何作用。

3.1.2.7　深色

比较当前层与下层图像的所有通道值的总和并显示值较小的颜色。深色不会生成第 3 种颜色,因为它从当前图像和下层图像中选择最小的通道值作为结果颜色。

3.1.2.8　变亮

该模式可以将当前图像或下层图像较亮的颜色作为结果色。比混合色暗的像素将被取代,比混合色亮的像素保持不变。在这种模式下当前图像中的黑色将消失,白色将保持不变。

3.1.2.9　滤色

该模式与正片叠底模式效果相反,通常会显示一种图像被漂白的效果。在滤色模式下使用白色绘图会使图像变为白色,使用黑色绘图则不会发生任何变化。

3.1.2.10　颜色减淡

该模式可以使图像变亮,其功能类似于减淡工具。它通过减小对比度使下一图层图像变亮以反映当前层图像的颜色。在图像上使用黑色绘图将不会产生任何作用,使用白色绘图可以创建光源中心点极亮的效果。

3.1.2.11　线性减淡

该模式通过增加下层图像各通道颜色的亮度加亮当前图像,与黑色混合将不会发生任何变化,与白色混合将显示白色。

3.1.2.12　浅色

该模式通过比较下层图像和当前图像所有通道值的总和并显示值较大的颜色。浅色不会生成第 3 种颜色,因为它从当前图像颜色和下层图像颜色中选择最大的通道值为结果颜色。

3.1.2.13　叠加

该模式可以复合或过滤颜色,具体效果取决于下层图像的颜色。当前层图像在下层图像上叠加,保留下层颜色的明暗对比。当前颜色与下层颜色相混合以反映原色的亮度或暗度。叠加后下层图像的亮度区域或阴影区将被保留。

3.1.2.14　柔光

该模式可以使图像变亮或变暗,具体效果取决于当前图层的颜色。此效果与发散的聚光灯照射在图像上相似。如果当前层图像的颜色比 50% 灰色亮,则图像变亮,就像被减淡了一样;如果当前层图像的颜色比 50% 灰色暗,则图像变暗,就像被加深了一样。用黑色或白色绘图时会产生明显较暗或较亮的区域,但不会产生纯黑色或纯白色。

3.1.2.15　强光

该模式效果与强光的聚光灯照射在图像上的效果相似。如果当前层图像的颜色比 50% 灰度亮,则图像变亮;如果当前层图像的颜色比 50% 灰度暗,则图像变暗。在强光模式下使用黑色绘图将得到黑色效果,使用白色绘图将得到白色效果。

3.1.2.16　亮光

该模式通过调整对比度加深或减淡颜色,具体效果取决于当前层图像的颜色。如果当前层图像的颜色比 50% 灰度亮,就会降低对比度使图像颜色变浅;反之会增加对比度使图像颜色变深。

3.1.2.17　线性光

该模式通过调整亮度加深或减淡颜色,具体效果取决于当前层图像的颜色。如果当前层图像的颜色比 50% 灰度要亮,图像将通过增加亮度使图像变浅,反之会降低亮度使图像变深。

3.1.2.18　点光

该模式根据当前层图像的颜色置换颜色。若当前层的颜色比 50% 灰度亮,则比当前层图像颜色暗的像素将被取代,而比当前层图像颜色亮的像素保持不变;反之,比当前层像素颜色亮的像素将被取代,而比当前层图像颜色暗的像素保持不变。

3.1.2.19　实色混合

该模式将当前层颜色的红色、绿色和蓝色通道值添加到当前的 RGB 值。若通道的结果总和大于或等于 255,则值为 255;如果小于 255,则值为 0。因此,所有当前层图像像素的红色、绿色和蓝色通道值要么是 0,要么是 255。该模式会将所有的像素更改为原色,即红色、绿色、蓝色、青色、黄色、洋红、白色或黑色。

3.1.2.20　差值

当前层图像像素的颜色值与下层图像像素的颜色值差值的绝对值就是混合后像素的颜色值,与白色混合将反转下层图像像素的颜色值,与黑色混合则不发生变化。

3.1.2.21　排除

与差值模式非常相似,但得到的图像效果比差值模式更淡,与白色混合将反转下层图像像素的颜色值,与黑色混合则不发生变化。

3.1.2.22　减去

该模式查看每个通道的颜色信息,并用下层图像的颜色值减去当前层图像的颜色值。8 位和 16 位图像中,任何生成的负片值都会剪切为零。

3.1.2.23　划分

该模式可以查看每个通道的颜色信息,并从下层图像的颜色中分割当前层的颜色。

3.1.2.24　色相

该模式可以使用下层图像的亮度和饱和度以及当前层图像颜色的色相创建结果色。

3.1.2.25　饱和度

用下层图像的色相值和亮度值与当前层图像的饱和度值创建结果色。在无饱和度的区域上使用此模式绘图不会发生任何变化。

3.1.2.26　颜色

用下层图像的亮度以及当前层图像的色相和饱和度创建结果色。这样可以保留图像中的灰阶,并且对于给单色图像上色和给彩色图像着色都会非常有用。

3.1.2.27　明度

使用下层图像的色相和饱和度以及当前层图像的亮度创建最终颜色。此模式与颜色模式具有相反的效果。

3.1.3　实践案例

首先我们来看看用 Photoshop 巧妙换服装效果,如图 3-1 和图 3-2 所示。

图3-1 原始图像

图3-2 换装后效果

操作步骤:

(1)首先在 Photoshop 中打开需处理的照片,复制图层防止破坏源素材。

(2)点击工具箱中的快速选择工具或魔棒工具、钢笔工具、套索工具将换装部分制作成选区,如图3-3所示。

(3)新建图层填充任意颜色以保存选区备用,并命名图层为"上衣选区"图层。

(4)打开素材"布料1",放置到合适位置,必要时可以进行变换操作,完全覆盖选区,如图3-4所示。

(5)按 Ctrl 键点击"上衣选区"图层缩览图载入选区。按 Shift + Ctrl + I 键反选后,按 Delete 键删除上衣之外的布料,保留上衣外观的"布料1",如图3-5所示。

(6)调整"布料1"图层的图层混合模式为变暗(或正片叠底、线性加深),得到满意的效果。根据素材不同,必要时可以调整图层不透明度、色相/饱和度、色彩平衡等,最终效果如图3-6所示。

图 3-3　制作选区

图 3-4　打开素材"布料1"

图 3-5　载入选区

图 3-6　最终效果

3.2　修复老照片

　　对于破损的老照片经常使用的修复工具有自由变换、去色命令、画笔、仿制图章、修补等。

3.2.1 老照片修复

老照片源素材是扫描图像,如图 3 – 7 所示,修复后的效果如图 3 – 8 所示。

修复步骤:

(1)使用多边形套索工具将老照片框选,并进行变换选区(Ctrl + T 键)放正调整,如图 3 – 9 所示。

图 3 – 7 修复前   图 3 – 8 修复后   图 3 – 9 框选、放正调整

(2)将老照片发黄的白边裁切,并进行"图像→调整→去色"处理,使发黄的老照片进行黑白处理,如图 3 – 10 所示。注意保存副本并隐藏,隐藏副本图层的目的是,假如后面的操作有误,我们还有一个原始图像可以利用,方便后面的操作。我们将使用在新图层上制作修复图层的方法。这种方法不破坏图像层,如果修坏只需将该层删除即可,确保万无一失。

(3)点击工具箱中的魔棒工具将霉点和破损部分制作成选区,如图 3 – 11 所示。

(4)新建图层,将选区填充为适当的灰背景,如图 3 – 12 所示。

图 3 – 10 黑白处理   图 3 – 11 框选破损区   图 3 – 12 填充选区

（5）利用画笔工具将背景修复好。利用图章工具将损毁的人物头发进行涂黑修复，注意头发边缘轮廓。用画笔配合 Alt + 左击背景基础颜色将整个背景涂干净，如图 3 - 13 所示。

图 3 - 13　修复头发

（6）源素材中的绿色植物损毁严重，找到适合的绿色植物来进行替换，如图 3 - 14 所示。

（7）将挡住绿色植物的肢体部分及手提包框选，如图 3 - 15 所示。

图 3 - 14　替换绿色植物

图 3 - 15　框选遮挡部分

（8）给绿色植物图层添加蒙版，并将选区部分的蒙版涂黑，以达到隐藏被肢体覆盖绿色植物的效果。

（9）最后利用画笔或仿制图章等工具将背景修复好。亦可以发挥绘画技术，彻底进行修复。

（10）我们前面用仿制图章工具进行了初期修复，最后我们利用加深和减淡工具，结合画笔彻底修复图像。修复好的效果如图 3 – 16 所示。

图 3 – 16　最后效果

　　加深和减淡工具，是对颜色进行加深和减淡的专用工具，使用它可以在图像原有的基础上进行修改。其非常适合构建阴影和高光。无论使用加深、减淡工具，还是使用画笔工具，都要注意将画笔的不透明度调到很低，一遍一遍地上色和修改，这样可以做出较好的融合。

　　修复老照片的主要方法和步骤：照片偏灰调整色阶；画面太白而平淡复制图层并设置图层混合模式正片叠底；色彩不够艳丽鲜明，调整图像饱和度或者图层混合模式设置为叠加；太艳丽降低饱和度；太暗就调整曲线或者调整图层混合模式为屏幕（滤色）；色彩不对调整色相/饱和度或明暗对比度等。如果调整有困难，可以进行手绘，然后根据实际需要重复上述方法和步骤。

3.2.2　老照片翻新

　　这节主要介绍实现老照片翻新，并且帮他们换掉衣服、快速去网纹等步骤。有时候老照片翻新靠的是素材，如果手边有大量的素材，可以达到事半功倍的效果。照片翻新前后效果对比如图 3 – 17 所示。

图 3－17   老照片翻新前后效果对比

操作步骤：

（1）在 Photoshop 中打开旧照片，执行"图像→调整→去色"命令，如图 3－18 所示。

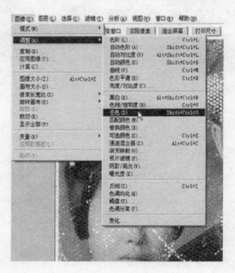

图 3－18   照片去色

（2）复制当前图层。执行"滤镜→杂色→蒙尘与划痕"命令，设置相应参数，如图 3－19 所示，其中半径设置为 5 像素，阈值设为 15 色阶。

（3）用工具栏里的橡皮擦工具，将眼睛以及五官部位去掉，如图 3－20 所示，显示下面隐藏的图层，以达到将重要部位保护好的目的。

（4）利用去网纹插件，去除老照片上的网纹，如图 3－21 所示。

（5）换掉帽子和衣服：① 打开军人的素材，将帽子分离开，如图 3－22 所示；② 执行单栏"编辑→自由变换"命令，将帽子位置修改好，对齐，使帽子看起来比较自然，如图 3－23 所示；③ 执行"图像→调整→去色"命令，把帽子的彩色去掉，与原照片匹配，以同样的方式将衣服处理好,位置变形要自然,如图3-24所示;④为衣服图层添加蒙版,将衣服的边缘地方全部隐藏,使得衣服更加自然,如图3-25所示;⑤将衣服暗调勾选出来,并且设置羽化值为40像素,如图3-26所示;⑥执行"图像→调整→曲线"命令将右肩衣服暗部调亮,如图3-27所示;⑦将衣服和脖子处用加深工具加深,这样看起来自然一点,如图3-28所示;⑧复制素材上的扣子,如图3-29所示。

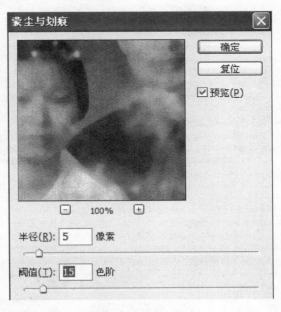

图3-19　设置参数

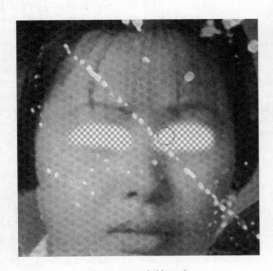

图3-20　去掉五官

图3-21　去除网纹

图 3 – 22　分离帽子

图 3 – 23　调整帽子位置

图 3 – 24　换掉衣服

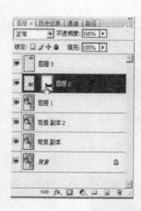

图 3 – 25　添加蒙版

图 3 - 26   羽化

图 3 - 27   调亮肩部

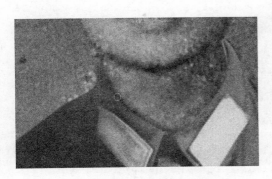

图 3 - 28   加深衣服和脖子处

图 3 - 29   复制扣子

（6）处理眼睛：① 眼睛精细化处理后对比，如图 3-30 所示；② 将处理好的眼睛勾选出来，羽化，如图 3-31 所示；③ 复制眼睛并移动，将损毁的眼睛替换掉并变换，因为换过来的眼睛阴影不自然，曲线加亮处理，如图 3-32 所示。

（7）反复利用修补工具将照片中其他损毁部分参照效果较好的部分进行修补，如图 3-33 所示。

（8）将衣服素材边缘用画笔涂自然一点，结合地方不要有明显界线，如图 3-34 所示。

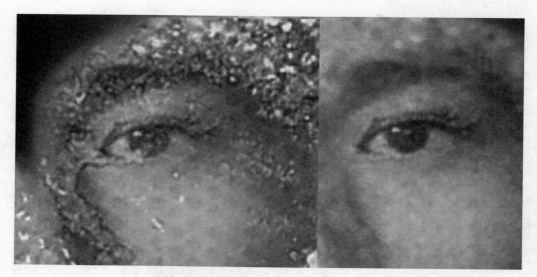

图 3-30 眼睛精细化处理

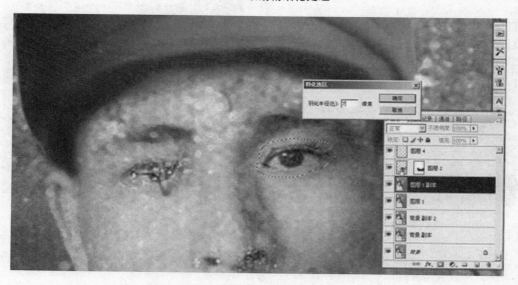

图 3-31 羽化

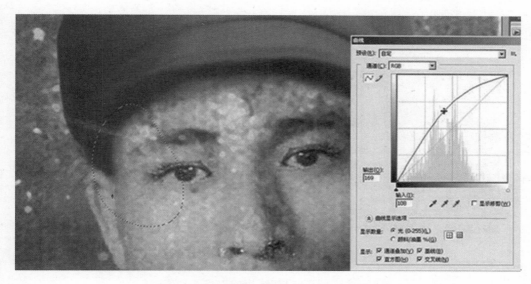

图 3 - 32   替换眼睛

图 3 - 33   修复其他损毁部分

图 3 - 34   涂衣服边缘

（9）翻新上衣口袋：① 打开上衣口袋素材,框选口袋,并设置羽化值为 20,将口袋位置放好并做去色处理,如图 3 - 35 所示;② 将口袋多余部分利用选取工具框选出来删除,如图 3 - 36 所示。

图 3-35 放置口袋

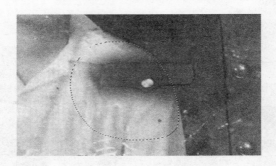

图 3-36 删除多余部分

（10）也可以利用 Photoshop 进行面部和衣服的精细修复,修复后效果如图 3-37 所示。

（11）利用套索工具和钢笔工具勾选出人物边缘,添加蒙版,如图 3-38 所示。

（12）将背景部分用深灰到浅灰色径向渐变填充,得到最终效果,如图 3-39 所示。

图 3-37 精细修复　　　图 3-38 添加蒙版　　　图 3-39 最终效果

3.3　照片美容

　　照片美容主要包括人物面部美白、调色、修型等。其中,人物面部处理采用各种磨皮方法。

　　人物面部磨皮的方法很多,如高反差保留、图层混合模式(滤色等),其中高斯模糊最常见也最方便,利用 Photoshop 自带的基本工具就可以做到。其缺点是处理人像特写的时候,人物皮肤容易处理得太光滑变成塑料人。利用一些外挂插件,如 TOPZA、KODAK 等降噪磨皮速度很快,但有些不够真实。最真实自然的方法是几种 Photoshop 基本工具结合曲线、色彩平衡或者通道等技术,做出自然真实保留毛孔的人物皮肤。一般来说,人像有两种风格,一种是白里透红的皮肤质感,看不到毛孔,但是也遵循光影原则,适合青春少女甜美风格;另一种是保留毛孔,光影感强,皮肤有各种颜色,商业人像和民俗人像中常用,但是相当费工夫。两种人像对比如图 3 - 40 所示。

图 3 - 40　两种人像对比

　　人物修型的工具和方法:液化工具可以把脸型修得更好看,发型更规整,瘦腿丰胸;加深减淡工具,主要用做营造阴影效果造成视觉上的完美形体,比如加深侧脸显得脸小,突出锁骨显得更瘦;涂抹工具可以达到液化的效果,也可以达到磨皮的效果,一般用来修嘴唇和牙齿,眉毛和睫毛的美化也可以胜任;仿制图章也是修小细节的利器;另外再结合局部色彩平衡和手工上色,可以让人物细节更加精致。

3.3.1　清纯甜美人像磨皮

　　插件磨皮的方法,有兴趣的朋友自己研究一下,这里介绍高斯模糊磨皮方法。磨皮前后对比如图 3 - 41 所示。

　　操作步骤:

（1）首先要去除斑点。打开要处理的图片，复制一层，选择修复画笔工具。点击鼠标右键调节画笔硬度为0，间距默认，调节画笔到合适的大小，按住 Alt 键，在斑点附近空白处点击鼠标左键取样，松开 Alt 键，点击斑点，斑点就消失了，如图 3 – 42 所示。这个过程有几个快捷键，按住 Alt 键双击带锁图层可以解锁，按住 Alt + Ctrl 键上下拖动图层可以复制一层，按住 Alt 键滑动鼠标滚轮可以放大缩小图片，按住空格键用鼠标可以拖动放大后的图像移动。

图 3 – 41 高斯模糊磨皮前后对比

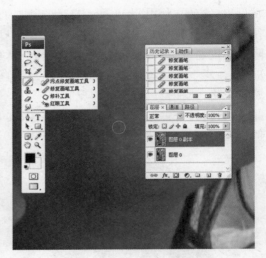

图 3 – 42 去除斑点

（2）开始皮肤细化的模糊处理。把处理好的图层复制一份，执行"滤镜→高斯模糊"命令。模糊半径根据图片大小而定，然后把模糊下面的那层复制一份，移动到模糊层的上方，现在形成了"清晰 – 模糊 – 清晰 – 原始图层"的格局。选择橡皮擦工具，调到适当大小，硬度为0，擦去第一层清晰的，露出下层模糊层，注意保留原始皮肤的明暗轮廓，如图 3 –43和图 3 –44 所示。

图 3 – 43 模糊处理

图 3 – 44 调整不透明度

（3）调亮度。按住 Shift 键选择前三层，按 Ctrl + E 键合并图层，创建一个曲线调整图层。调整曲线到图 3 - 45 所示，图片整体就亮了。

（4）选中曲线层下面那个清晰层，选择减淡工具，曝光度 10%，擦人物脸上黑的地方，直到亮度均匀，如图 3 - 46 所示。

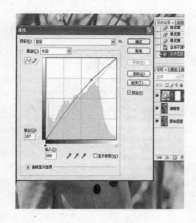

图 3 - 45　调亮度

图 3 - 46　最终效果

3.3.2　商业人像磨皮

商业人像的皮肤有几个特点：保留毛孔细节，明暗清晰，明暗调子很明确，色彩多为 CMYK 低饱和度，肤色均匀。

操作步骤：

（1）选择修复画笔把斑点、痘痘、小坑、头发丝一点点地修掉，仿制图章效果更好，如图 3 - 47 所示。

（2）把饱和度降低十几个百分点，开始做光影效果。用减淡工具把黑眼圈去掉，曝光度 10% 左右，用加深工具加深鼻梁侧面、脸侧面、脖子、头发，减淡工具提高鼻梁和颧骨亮度，再做个曲线降低一下图片整体亮度，效果如图 3 - 48 所示。

图 3 - 47　修脸型

图 3 - 48　光影效果

（3）修复不均匀的肤色。皮肤看起来整体偏黄,新建一个色相饱和度调整图层。选择黄色,把色相的滑块往左侧拉动一些,就是黄色的补色方向,如图3-49所示。

（4）用加深减淡、修复画笔来加强全身的光影效果,做得更细腻些。另外做到自己满意的效果,一定要保存PSD文件,细节处要反复修改,最终效果如图3-50所示。

图3-49　色相饱和度

图3-50　最终效果

3.3.3　巧用选区美化人物脸部肌肤

利用选区对人物脸部肌肤进行美化前后对比如图3-51和图3-52所示。

图3-51　原始图像

图3-52　最终效果

操作步骤:

（1）打开原图素材,执行"选择→色彩范围"命令,容差设置为12,用吸管点脸部位置,将脸的部分选取起来,如图3-53所示。

（2）完成后,就会看到脸的四周产生虚线的选取范围框,如图3-54所示。

图 3-53 设置颜色范围

图 3-54 产生选区

（3）按 Ctrl + J 键复制一层，打开图层面板，将背景层的眼睛关闭，选取工具箱中的橡皮擦，将头发的部分清除掉，如图 3-55 所示。

（4）执行"滤镜→模糊→表面模糊"命令，调整时别调整太多，尽量还能保留原来的一些肌理，如图 3-56 所示。

图 3-55 清除头发

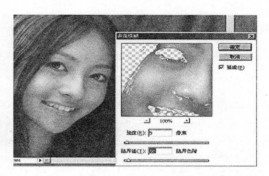

图 3-56 表面模糊

（5）完成后降低该图层的透明度，让脸皮依然保留有原来的肌肤纹理，如图 3-57 所示。

（6）新增一个色彩平衡调整图层，在中间调的部分降点红加点蓝，让肌肤更洁白，在亮的地方再加点红回来，让肌肤看起来白里透红，如图 3-58 所示。

图 3-57 降低透明度

图 3-58 色彩平衡

（7）利用"工具箱→套索工具"，将嘴唇框取起来，如图 3-59 所示。

（8）执行"选取→修改→羽化"命令，将刚才的选取范围变模糊，如图 3-60 所示。

图 3-59　选取嘴唇

图 3-60　羽化选取范围

（9）新增色相/饱和度的调整图层，提高色彩的饱和度，并透过色相调整唇色的颜色，如图 3-61 所示。

（10）按住 Ctrl 键对着脸皮图层单击鼠标左键，接着再利用套索工具，按住 Shift 键将脸的五观也一并加选进来，如图 3-62 所示。

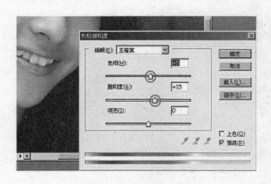

图 3-61　调整嘴唇颜色

图 3-62　选取脸部和五官

（11）新增亮度/对比调整图层，提高亮度降低对比，让脸有高光部位，同时降低反差，让皮肤看起来更柔顺平滑，如图 3-63 所示。最终效果如图 3-64 所示。

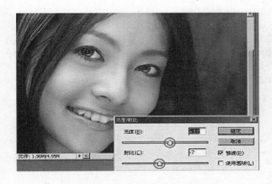

图 3－63　调整亮度/对比度

图 3－64　最终效果

3.4　黑白照片上色

图 3－65　上色前后对比

　　黑白照片上色前后对比如图 3－65 所示。对图像效果进行色彩整体调整处理主要用"图像→调整→曲线"来实现。

　　（1）执行"图层→新建调整图层→渐变映射"命令，选择"黑色－白色"的渐变，以达到去黄效果，如图 3－66 所示。

　　（2）按 Ctrl＋A 键，再按 Ctrl＋Shift＋C 键，按 Ctrl＋V 键，复制一个图层。执行"滤镜→杂色→减少杂色"命令，如图 3－67 所示。

　　（3）单击"确定"按钮。杂点太多是上色的一个大忌，Photoshop 减少杂色滤镜能让图像迅速地消除杂色并且保持图像的清晰度。

（4）执行"图层→新建调整图层→色阶"命令，设置如图 3 - 68 所示。

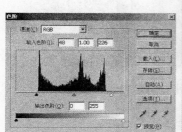

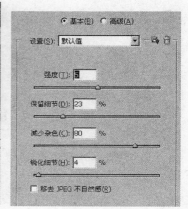

图 3 - 66　渐变映射　　　　图 3 - 67　减少杂色　　　　图 3 - 68　设置色阶

（5）单击"确定"按钮，结果如图 3 - 69 所示。

注意：这个部分的重点要有丰富的层次；颜色尽量过渡比较自然，不要有太多杂色；上色前如果是 RGB 模式，尽量将其恢复成灰度色调。

（6）新建图层，在图层上先为军装上色，尽量找一些同类色进行绘制，这样可以使得上色看起来颜色比较丰富，如图 3 - 70 所示。

（7）将图层的图层混合模式改为颜色，效果如图 3 - 71 所示。

图 3 - 69　色彩调整后结果　　　　图 3 - 70　军装上色　　　　图 3 - 71　修改混合模式后效果

（8）对于背景层的上色，亦可以新建图层，设置为颜色图层混合模式。这样能够比较直观地看到结果，上色也更加容易修改，如图 3 - 72 所示。将背景更改为颜色模式后，效果如图 3 - 73 所示。

（9）以同样的方法新建图层，为脸部上色，效果如图 3 - 74 所示。

图 3 – 72　背景层上色　　　　图 3 – 73　修改模式后效果　　　　图 3 – 74　脸部上色

（10）面部上色图层改为颜色图层混合模式后，最终效果如图 3 – 75 所示。

图 3 – 75　最终效果

通道和蒙版的应用

内容导航

　　通道是 Photoshop 除了图层和蒙版之外最重要的功能之一,它主要用来保存图像颜色信息及选区等。高难度图像的合成几乎都离不开通道的应用、通道单色存储信息的原理,这里我们来深入学习有关通道的知识内容。

　　蒙版是将不同灰度值转化为不同的透明度,并作用到它所在的图层中,使图层不同部位透明度产生相应的变化,以便用来控制图像的显示和隐藏区域,是进行图像合成的重要功能,本章在第 4.3 节中将用实例阐述蒙版在图像合成方面的功能与作用。

学习要点

- ■ 利用通道调整图像的色彩关系
- ■ 利用通道抠取毛发
- ■ 创建图层蒙版
- ■ 利用图层蒙版修改照片

招式示意

调整图像色彩

添加场景配景

添加人物配景

添加图像背景

添加场景配景

添加人物配景

4.1　戏剧化色彩

　　颜色通道的应用——通道是 Photoshop 中的重要内容之一,以灰度图像的形式来储存图像,它所表现的存储颜色信息和选择范围的功能是非常强大的,如图 4-1 和图 4-2 所示。

图 4-1　原始图片

图 4-2　调整后效果

操作步骤:

(1) 打开原图素材,按 Ctrl+J 键把背景图层复制一层,如图 4-3 和图 4-4 所示。

图 4-3　调入原始素材

图 4-4　复制背景图层

(2) 点击通道面板,选择蓝色通道,如图 4-5 和图 4-6 所示。

图 4-5　通道面板

图 4-6　选择蓝色通道

（3）执行"图像→应用图像"命令，图层为背景，混合为正片叠底，不透明度为47%，反相打钩，如图4-7所示。

图4-7 图像调整

（4）回到图层面板，创建曲线调整图层，蓝色通道:44,182，红色通道:89,108。效果如图4-8所示。

（5）新建一个图层，填充黑色，图层混合模式为正片叠底，不透明度为40%，如图4-9所示。选择椭圆选取工具选取中间部分，如图4-10所示。

图4-8 调整后图面效果

图4-9 新建图层

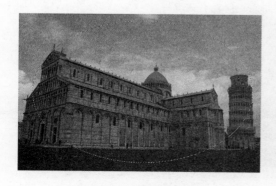

图4-10 椭圆选取范围

图4-11 最终效果

（6）按 Ctrl + Alt + D 键羽化，数值为70，然后按两下 Delete 键删除，再打上文字，完成最终效果，如图4-11所示。

4.2 时尚杂志封面制作

通道抠图技法——通道抠图是非常高效及常用的抠图方法。不过用这种方法抠图也有一定的要求，主体与背景需要对比分明。大致的过程：我们操作之前需要明白一点，用通道抠图主要是抠出较为复杂的头发部分，其他部分可以用钢笔工具来完成，因为钢笔抠出的边缘要圆滑很多。先进入通道面板，我们选择一个头发与背景对比较大的通道复制一份，然后用调色工具把背景调白，再反相。用黑色画笔擦掉除头发以外的部分即可得到头发的选区，后面只要把选区部分的头发复制到新的图层，再用钢笔勾出人物部分即可。如果要换背景，还需对人物稍加润色，如图 4 - 12 和图 4 - 13 所示。

图 4 - 12 原始图片

图 4 - 13 抠图后合成图像

操作步骤：

（1）打开原图，按 Ctrl + J 键复制一个图层，如图 4 - 14 和图 4 - 15 所示。

图 4 - 14 原始图像

图 4 - 15 复制图层

（2）打开通道面板，分别观察红色通道、绿色通道和蓝色通道，选取黑白对比最强烈的一个通道，如图 4 - 16 至图 4 - 18 所示。

图 4 - 16　红色通道　　　　图 4 - 17　绿色通道　　　　图 4 - 18　蓝色通道

（3）选中黑白对比度最强的红色通道，复制红色通道，如图 4 - 19 所示。

图 4 - 19　复制红色通道

（4）执行"图像→调整→曲线"命令，调整红色通道的曲线值，如图 4 - 20 所示；再执行"图像→调整→色阶"命令进行调整，如图 4 - 21 所示。在通道中运用"曲线"和"色阶"命令，调整图像的对比度，使黑色部分比黑白色部分更白，这样就可以很方便地创建出所需要的选区，得到想要的图像部分，效果如图 4 - 22 所示。

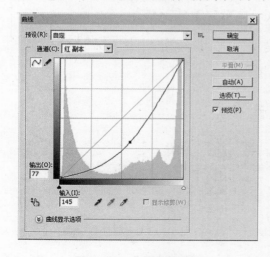 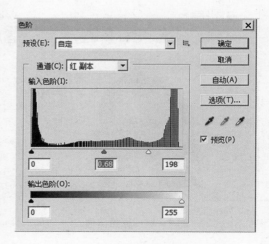

图 4 - 20　曲线参数设置　　　　　　　　图 4 - 21　调整色阶

图 4-22 调整后效果

图 4-23 调整色阶、曲线后效果

（5）单击工具箱中的画笔工具，设置前景色为黑色，选择合适的笔触大小将人物部分涂成黑色，如图 4-23 所示。单击"蓝副本"通道，载入选区，如图 4-24 所示。

（6）单击 RGB 复合通道，切换到图层面板，按 Ctrl + Shift + I 键反向选择选区，按 Ctrl + J 键复制选区中的内容到新的图层，隐藏背景图层，效果如图 4-25 所示。

图 4-24 涂抹图像后效果

图 4-25 复制到新图层效果

（7）打开素材文件，如图 4-26 所示。将此文件拖至抠图文件中形成"图层 2"，如图 4-27 所示。最终完成效果如图4-28所示。

图 4 – 26　选择一张背景

图 4 – 27　新建图层 2 添加背景

图 4 – 28　封面女郎效果

4.3　图像混合媒介技术

本节介绍一种比较常用的合成方法,把人像合成到实物里面。这里选择的是小山崖,其他实物的操作过程也是类似。大致过程:找好相应的素材,把人像去色,用蒙版控制好区域,把背景覆盖到人像上面,修改图层混合模式,得到初步的效果,后期处理细节即可。

操作步骤:

(1) 打开山崖素材,再打开人物素材,如图 4 – 29 和图 4 – 30 所示。

(2) 全选人像图,拖到山崖素材上来,将人物头像放在山崖合适位置,用矩形框选工具对需要的人物图像大小进行框选,如图 4 – 31 和图 4 – 32 所示。

(3) 按 Ctrl + Shift + I 键对图像进行反向选择,删除不需要的图像画面,如图4 – 33和图 4 – 34 所示。

图 4－29　原始山崖素材

图 4－30　原始人物素材

图 4－31　将人物素材直接拖进形成图层 1

图 4－32　人物图层拖进山崖背景中呈现的画面

图 4－33　点击矩形选框工具

图 4－34　利用选择工具对人物头像进行修剪

（4）选取人像，执行"编辑→变换→水平翻转"命令，调整好人像与山崖的位置。为人像添加蒙版，用黑色画笔涂抹，擦出脸的边缘，这个不用太准确，差不多即可，如图4-35和图4-36所示。

图 4-35　人像反转效果

图 4-36 添加蒙版

（5）利用蒙版和画笔工具（图4-37和图4-38）调整人物头像关系，最终效果如图4-39所示。

图 4-37　蒙版工具

图 4-38　画笔工具

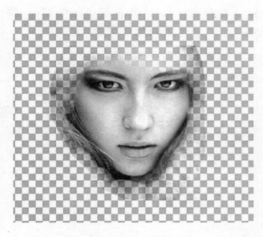

图4-39 完成头像修改效果

（6）将人物去色。复制背景,将背景副本移到人像层上面,混合模式改为正片叠底,将人像和背景副本分别调整色阶提亮。没有具体参数,自己观察,感觉人像和山崖比较融合就可以了,如图4-40和图4-41所示。

图4-40 复制背景图层

图4-41 复制完成样式

（7）将画笔硬度、不透明度降低,用黑色画笔在人像层蒙版上继续涂抹,使人像和山崖更自然地结合到一起,如图4-42所示。

图4-42 结合两张图片

（8）如果你觉得人像的投影不够明显，就右键点击图层，选择混合选项，选取特殊效果观察结果，根据实际情况操作，如图 4–43 至图 4–45 所示。

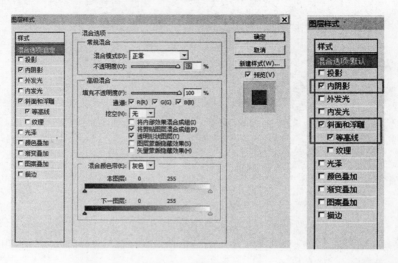

图 4–43　调整图层样式　　　　　　　　图 4–44　调整图层样式

图 4–45　调整后画面效果

滤镜的使用

内容导航

　　滤镜是一种插件模块,能够对图像中的像素进行操作,也可以模拟一些特殊的光照效果或带有装饰性的纹理效果。Photoshop 提供了各种各样的滤镜,使用这些滤镜,用户无需耗费大量的时间和精力就可以快速地制作出云彩、马赛克、模糊、素描、光照以及各种扭曲效果等。

学习要点

■掌握滤镜的基本操作方法
■熟悉基本滤镜的作用
■掌握智能滤镜的操作方法
■掌握特殊滤镜的操作方法
■掌握常用滤镜的操作方法

招式示意

图像涂抹效果

"X" 字体设计

添加人物配景

添加人物配景

发光图层合成

修剪处理后的最终效果

5.1　火焰效果背景的制作(云彩滤镜的使用)

(1) 按 Ctrl + N 键,在弹出的"新建"参数设置面板中,将文件的高度设置为 22 厘米,宽度设置为 18 厘米,分辨率设置为 200 像素/英寸,颜色模式设置为 RGB,背景色设置为白色,建立一新文档,如图 5 – 1 所示。

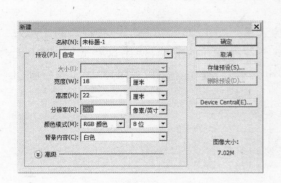

图 5 – 1　新建文档　　　　　　　　　　　　　　图 5 – 2　滤镜渲染云彩效果

(2) 按 D 键,将工具箱中的前景色设置为黑色,背景色设置为白色,然后执行"滤镜→渲染→云彩"命令,画面效果如图 5 – 2 所示。

(3) 执行"图像→模式→灰度"命令,弹出"扔掉颜色信息"提示面板,如图 5 – 3 所示,单击"扔掉"按钮,执行"图像→模式→索引颜色"命令,将图像转化为索引模式。执行"图像→模式→颜色表"命令,弹出"颜色表"选项设置面板,在"颜色表"中选取颜色,如图5 – 4所示。

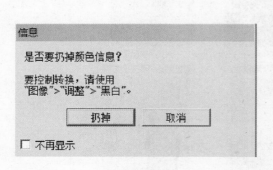

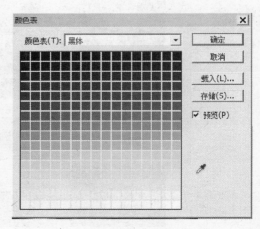

图 5 – 3　信息提示面板　　　　　　　　　　　　图 5 – 4　颜色表

（4）选项设置完成后,单击"确定"按钮,制作出的火焰效果如图5-5所示。

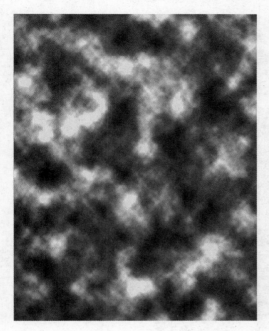
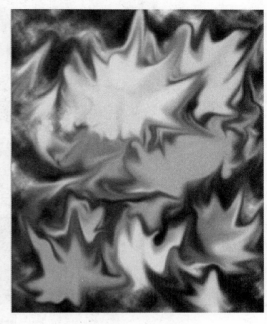

图5-5 完成效果　　　　　　　　图5-6 涂抹效果

（5）执行"图像→模式→RGB 颜色"命令,将画面转换为 RGB 模式,单击工具箱中的涂抹工具,属性栏中的参数设置画笔为100,模式为"正常",强度为70%,其涂抹状态如图5-6所示。

（6）执行"图像→调整→色相饱和度"命令,弹出"色相/饱和度"参数设置面板,参数设置如图5-7所示。参数设置完成后,单击"确定"按钮。

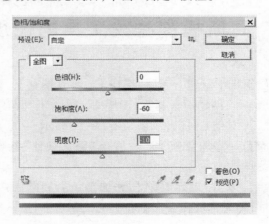

图5-7 调整色相/饱和度

（7）单击工具箱中的画笔工具,如图5-8所示,画笔工具属性设置如图5-9所示。在画面的两侧及底部边缘位置喷绘一些黑色,效果如图5-10所示。

图 5 – 8　画笔工具　　　　　　　　　　　图 5 – 9　画笔工具属性设置

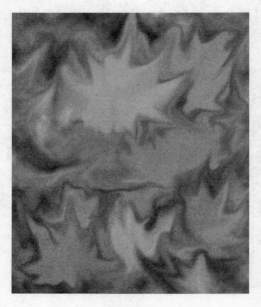

图 5 – 10　调整后效果

5.2　线性纹理的制作(添加杂质、高斯模糊滤镜工具的使用)

(1) 接上例,在图层面板中新建一图层"图层 1",将其填充上黑绿色(C:80,M:60,Y:60,K:60),如图 5 – 11 所示。创建一新图层"图层 2",单击工具箱中的矩形选框工具,在画面中绘制一矩形区域,并填充上白色,效果如图 5 – 12 所示。

(2) 执行"滤镜→杂色→添加杂色"命令,弹出"添加杂色"参数设置面板,参数设置如图 5 – 13 所示。

(3) 参数设置完成后,单击"确定"按钮,添加杂色后的画面效果如图 5 – 14 所示。按 Ctrl + T 键添加变形框,将光标放在变形框右侧的控制点上,按下鼠标左键向右拖拽,其状态如图 5 – 15 所示。

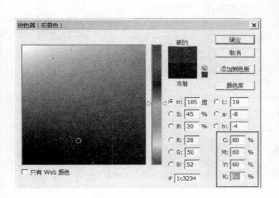

图 5 – 11 选择颜色

图 5 – 12 图层填充后效果

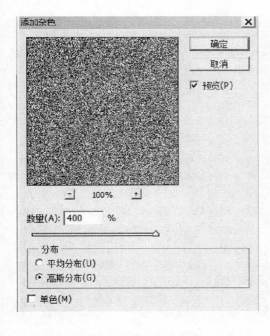

图 5 – 13 使用滤镜添加杂色

图 5 – 14 添加杂色后效果

（4）利用此方法，将添加杂色后的选区拖拽调整成与画面相同的大小，如图 5 – 16 和图 5 – 17 所示。按 Enter 键，确定选区的变形，利用工具箱中矩形选框工具，在画面中间位置绘制一矩形区域，用与上面相同的方法，将选区中的图形拖大变形，其状态如图 5 – 18 所示。

图 5-15　调整杂色选区

图 5-16　继续调整杂色选区

图 5-17　调整杂色选区

图 5-18　调整后效果

（5）执行"选择→色彩范围"命令，弹出"色彩范围"选项及参数设置面板，选项设置如图 5-19 所示。单击"确定"按钮，添加选区后的画面效果如图 5-20 所示。

图 5 - 19 利用颜色选择选区

图 5 - 20 选择后效果

（6）连续按 3 次 Delete 键,删除选择区域中的图形,去除选择区域,执行"图像→调整→色相/饱和度"命令 ,弹出"色相/饱和度"对话框,其参数设置如图 5 - 21 所示。

（7）参数设置完成后,单击"确定"按钮,调整色相/饱和度后的画面效果如图5 - 22所示。

图 5 - 21 调整色相/饱和度

图 5 - 22 调整后效果

　　（8）执行"选择→色彩范围"命令,弹出"色彩范围"对话框,选项设置如图 5－23 所示。单击"确定"按钮,将添加的选区填充上白色,如图 5－24 所示。

图 5－23　利用颜色选择选区

图 5－24　选择后效果

　　（9）去除选择区域,执行"滤镜→模糊→高斯模糊"命令,参数设置如图5－25所示。单击"确定"按钮,高斯模糊后的画面效果如图 5－26 所示。

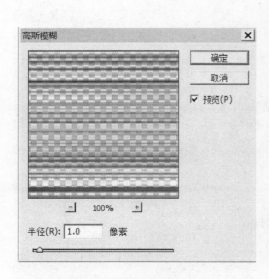

图 5－25　调整高斯模糊数值

图 5－26　高斯模糊后效果

5.3 "X"字体设计

(1) 接上例,在图层面板中将"图层 2"与"图层 1"合并,单击工具箱中的钢笔工具,在画面中沿画面的左侧位置绘制闭合的钢笔路径,如图 5 - 27 所示。打开路径面板底部■■按钮,将选择区域反选,删除此图层所选区域,如图 5 - 28 所示。将"图层 1"进行水平翻转复制,得到如图 5 - 29 所示效果。

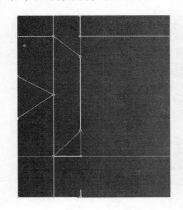
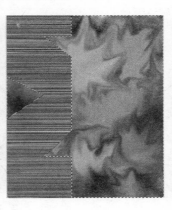
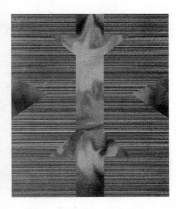

图 5 - 27　绘制选区　　　　　图 5 - 28　删除选区　　　　　图 5 - 29　删除后图面效果

(2) 创建一新图层"图层 2",单击工具箱中的钢笔工具,绘制出如图 5 - 30 所示的闭合路径。使用与上一步骤相同的方法,将路径转化为选区,然后将区域内填充为白色,效果如图 5 - 31 所示。

图 5 - 30　绘制闭合路径　　　　　　　　图 5 - 31　绘制白色边框

（3）执行"滤镜→杂色→添加杂色"命令，弹出"添加杂色"参数设置面板，参数设置如图 5 – 32 所示。参数设置完成后，单击"确定"按钮，添加杂色后的效果如图5 – 33 所示。

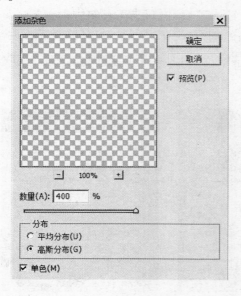

图 5 – 32　添加杂色

图 5 – 33　添加杂色后效果

（4）单击工具箱中的 ⌣ 按钮，在画面中绘制如图 5 – 33 所示的选择区域。执行"图像→调整→色相/饱和度"命令，弹出"色相/饱和度"参数设置面板，参数设置如图 5 – 34所示。

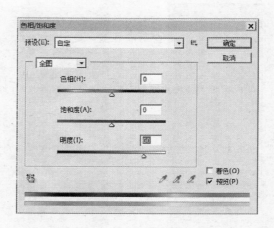

图 5 – 34　调整色相/饱和度

（5）参数设置完成后，单击"确定"按钮，调整色相/饱和度。将工具箱中的前景色设置为白色，单击工具箱中的画笔工具，其笔头设置为 100 像素。单击工具箱中的 ⌣ 按钮,在画面中绘制一选择区域,然后将"图层2"锁定透明,利用设置的笔头将画面喷绘成如图5-35所示的效果。

图5-35 完成反光效果

(6)利用同样方法将画面中其他位置的杂色图形绘制上白色,效果如图5-36所示。

图5-36 最终完成反光效果

5.4 人物的添加及发射光线制作 (径向模糊滤镜的使用)

(1)打开素材文件,如图5-37和图5-38所示。

图 5 – 37　原始素材　　　　　　　　　　　图 5 – 38　原始素材

　（2）利用工具箱中的 按钮,将打开的人物图片分别移动复制到海报的画面中去,调整适当大小后,放置到两矩形图形中间位置,然后将其生成的图层放置到"图层 1"的下面,如图 5 – 39 和图 5 – 40 所示。

图 5 – 39　导入人物素材　　　　　　　　　图 5 – 40　调整人物素材

　（3）按 Ctrl + N 键,新建一文档,参数设置如图 5 – 41 所示。

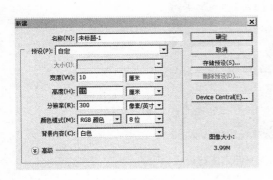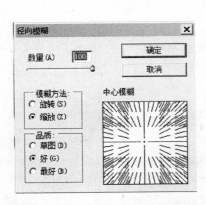

（4）在图层面板中创建一个新的图层"图层 1"，将工具箱中的前景色设置为白色，单击工具箱中的画笔工具，设置合适的笔头大小，在画面中绘制出如图 5－42 所示效果的图面线条。

图 5－41　新建文档　　　　　　　　图 5－42　利用画笔绘制线条

（5）执行"滤镜→模糊→径向模糊"命令，弹出"径向模糊"参数设置面板，参数设置如图 5－43 所示。单击"确定"按钮，径向模糊后的效果如图 5－44 所示。

图 5－43　使用滤镜中的径向模糊　　　　图 5－44　径向模糊后效果

（6）连续按 3 次 Delete 键，重复执行"径向模糊"。利用工具箱中的　按钮，将绘制完成的白色光线移动到画面中，放置到如图 5－45 所示的位置。由于光线边缘存在一些不够柔和较为生硬的画面，所以需要将光线进行柔和处理。

（7）单击工具箱中的橡皮擦工具，属性设置如图 5－46 所示，将光线用橡皮擦工具擦除，使其边缘变得柔和，并且将光线的位置及角度按 Ctrl＋T 键进行调整。

图 5 – 45　将绘制的发光图层进行合成

图 5 – 46　橡皮擦工具属性设置

（8）在图层面板中，选取人物所在的图层，分别置为工作层，按 Delete 键，将隐藏在矩形后面的人物图片进行删除，并将选择区域去除。将人物图层置为当前层，按住 Ctrl 键点击图层，选取人物，形态如图 5 – 47 所示。

（9）将人物图层置为当前图层，单击工具箱中的橡皮擦工具，设置合适的笔头和流程后将选择区域中的白色光线进行柔滑处理。利用同样的方法，将后面的人物选取，并将其上的白色光线进行修剪处理，最终完成效果如图 5 – 48 所示。

图 5 –47　选择人物素材

图 5 – 48　最终完成效果

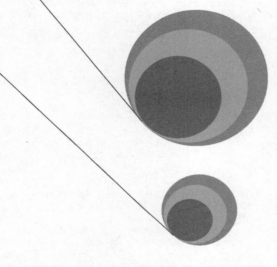

下篇 案例实训篇

网页设计综合应用

 内容导航

本章主要介绍 Photoshop 在网页设计中的应用,分别从网页设计基础知识、网页色彩基础、网页构图与风格设计等方面展开学习,另对企业类网站设计、娱乐类网站设计、休闲旅游类网站设计、艺术类网站设计、餐饮类网站设计、购物类网站设计等不同主题、风格的网站设计进行实例讲解。

 学习要点

■ 网页设计基础
■ 网页色彩基础
■ 网页构图与风格
■ 不同类型网站设计
■ Photoshop 工具综合应用

招式示意

网页内容与形式统一

网页和谐美

对称构成

主色调与文字颜色搭配

三维空间网页效果

矢量风格网页效果

6.1 网页设计基础

网页通过视觉元素实现信息内容的传达,为了使网页获得最大的视觉传达功能,使网络真正成为可读强性而且新颖的媒体,网页的设计必须适应人们视觉流向的心理和生理的特点,由此确定各种视觉构成元素之间的关系和秩序。

6.1.1 网页界面的构成

6.1.1.1 网页显示尺寸

一般来说,当显示器分辨率在 1024×768 的情况下,页面的显示尺寸为 1002×600 像素;当显示器分辨率在 1280×768 的情况下,页面的显示尺寸为 1268×600 像素。可以看出,分辨率越高页面的尺寸就越大,页面高度可以根据网站实际内容需求来确定,如图6-1所示。

图 6-1 不同分辨率下的网页显示

※小贴士:

浏览器的工具栏、下拉条也是影响页面尺寸的原因。目前浏览器的工具栏一般都可以取消或者增加,那么当显示全部的工具栏和关闭全部工具栏时,页面的尺寸肯定是不一样的。一般来说,下拉条的宽度为 12 像素。

6.1.1.2 网页的五大元素

了解网页中的基本元素,便于浏览者对网页中各部分内容的安排有总体认识。在网页设计过程中,向下拖动页面是唯一给网页增加更多内容的方法。除非站点的内容能够吸引大家拖动,否则不要让访问者拖动页面超过三屏高。如果需要在同一页面显示超过三屏的内容,那么最好能在上面做页面内部链接以方便访问者浏览。还需要考虑到网页元素如图片、文本、多媒体以及页眉和页脚等,如图6-2所示。

(1)页眉。其作用是定义页面的主题。假如一个站点的名字多数都显示在页眉里,这样访问者就能很快了解该网页的主要内容。在页眉部分通常放置站点名字、图片和公司标志 Logo 以及 Banner、导航条、旗帜广告、注册与登录等内容。

图6-2　网页中的基本元素

（2）文本。文本在页面中多数是以行或者块（段落）出现的，它们的摆放位置决定着整个页面布局的可视性。文本、段落可以通过层的概念按要求放置到页面的任何位置。

（3）图像。图像和文本是网页的两大核心，通常构成页面的正文部分。如何处理好图片和文本的排列关系成了整个页面布局的关键。图像包括图标与按钮、特效与艺术文字、图片等。

（4）多媒体。除了文本和图片，网页中还有声音、动画、视频等其他媒体。随着动态网页的兴起及网速的提升，多媒体在网页布局上也将变得更重要。

（5）页脚。页脚是指在页面最下方和页眉相呼应的一块空间。页脚通常放置作者、公司相关信息、版权信息，有时还会放置一个导航栏或者友情链接等。

6.1.2　网页设计的审美需求

首先，网页的内容与形式的表现必须统一和有序，形式表现必须服从内容要求，网页上的各种构成要素之间的视觉流程，能自然而有序地到达信息诉求的重点位置。在把大量的信息塞到网页上去的时候，应考虑怎样把它们以合理的统一的方式来排列，使整体感强的同时又要有变化，如图6-3所示。

图6-3　网页内容与形式的统一

其次，突出主题要素，必须在众多构成要素中突出一个主体，应尽可能地成为阅读时视线流动的起点;否则,浏览者的视线将会无所适从,偏离设计的初衷,如图 6 – 4 所示。

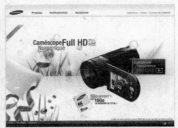

图 6 – 4　突出网页主题

6.1.3　网页设计的艺术表现

　　网页在一定意义上是一种艺术品,因为它既要求文字的优美流畅,又要求页面的新颖、整洁,而色彩的应用可以产生强烈的视觉效果,使页面更加生动。

6.1.3.1　秩序美

　　秩序是通过对称、比例、连续、渐变、重复、放射、回旋等方式,表现出严谨有序的设计理念,是创造形式美感的最基本的方式,如图 6 – 5 所示。

图 6 – 5　秩序美

6.1.3.2　和谐美

　　和谐是以美学上的整体性观念为基础的。构成界面形式的文字、图形、色彩等因素之间相互作用,相互协调映衬,都为界面的功能美与形式美服务,如图 6 – 6 所示。

图 6 – 6　和谐美

6.1.3.3 变化美

变化的法则体现了设计存在的终极意义,即不断地推陈出新,创造新形式,如图 6-7 所示。

图 6-7 变化美

6.1.4 网站策划

网站策划是一项比较专业的工作,是指应用科学的思维方法,进行情报收集与分析,对网站设计、建设、推广和运营等各方面问题进行整体策划,并提供完善解决方案的过程。

6.1.4.1 网站开发流程

为了加快网站建设的速度和减少失误,应该采用一定的制作流程来策划、设计、制作和发布网站。制作流程的第一阶段是规划项目和采集信息,接着是网站规划和设计网页,最后是上传和维护网站阶段。步骤的实际数目和名称因人而异,但是总体制作流程如图 6-8 所示。

6.1.4.2 目标需求分析

提出目标后更重要的是如何使目标陈述得简明并可实施。实际上一个网站不可能满足所有人的需求,对于设计者来说,网站一定要有特定的用户和特定的任务。

为了确定目标,开发小组必须集体讨论,让每一个成员都尽可能地提出对网站的想法和建议。讨论的设计方案,能够兼顾到各方的实际需求和设计开发的技术问题,能够为成功开发 Web 网站打下良好的基础。

6.1.4.3 网页制作

网页制作包括网站的选题、内容采集整理、图片的处理、页面的排版设置、背景及其整套网页的色调等。

(1)网站定位。网页设计前首先要给网站一个准确的定位,从而确定网站主题与设计风格。网站名称要切题,题材要专而精,并且要兼顾商家和客户的利益。标题在很大程度上决定了整个网站的定位。一个好的标题必须简短而有概括性、容易记且有特色,还要符合主页的主题和风格,如图 6-9 所示。

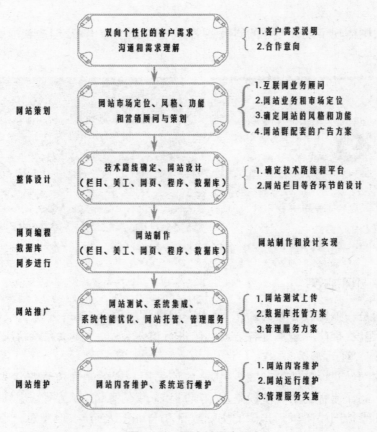

图 6-8 网站制作流程

图 6-9 企业网站与娱乐网站

（2）网站规划。在设计之前需先画出网站结构图,其中包括网站栏目、结构层次、链接内容。首页中的各功能按钮、内容要点、友情链接等都要体现出来,一定要切题,并突出重点,同时在首页上应把大段的文字换成标题性的、吸引人的文字,将单项内容交给分支页面去表达,这样才显得页面精炼,如图 6-10 所示。网页文件命名开头不能使用运算符、中文字等,分支页面的文件存放于单独的文件夹中,图形文件存放于单独的图形文件夹中,汉语拼音、英文缩写、英文原义均可用来命名网页文件。在使用英文字母时,要区分文件名的大小写,建议在构建的站点中,全部使用小写的文件名称。

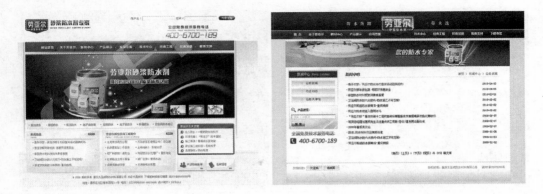

图6-10 网站首页与子页

（3）内容的采集。采集内容必须与标题相符,在采集内容的过程中,应注重特色。主页中的特色应该突出自己的个性,并把内容按类别进行分类,设置栏目,让人一目了然,栏目不要设置太多,最好不要超过10个,层次上最好少于5层,而重点栏目最好能直接从首页到达,保证用各种浏览器都能看到主页最好的效果,如图6-11所示。

图6-11 网站导航

（4）主页设计。主页设计包括创意设计、结构设计、色彩调配和布局设计。创意设计源自设计者的灵感和平时经验的积累,结构设计源自网站结构图。在主页设计时应考虑到:标题要有概括性和特色,符合自己设计时的主题和风格;文字的组织应有自己的特色,努力把自己的思想体现出来;图片适当地插入网页中可以起到画龙点睛的作用;文字与背景的合理搭配,可以使文字更加醒目和突出,使浏览者更加乐于阅读和浏览。整个页面的色彩在选择上一定要统一,特别是在背景色调的搭配上一定不能有强烈的对比,背景的作用主要在于统一整个页面的风格,对视觉的主体起一定的衬托和协调作用,如图6-12所示。

（5）图片。主页不能只用文字,必须在主页上适当地添加一些图片,如果是一些色彩比较丰富的图片,如扫描的照片,最好把它处理成JPEG图像格式,如图6-13所示。另外,网页中最好对图片添加注解,当图片的下载速度较慢,在没有显示出来时注解有助于让浏览者知道这是关于什么的图片,是否需要等待,是否可以单击等,特别考虑到纯文本浏览者浏览的方便,很有必要为图片添加一个注解。

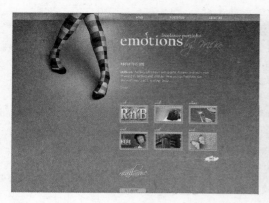
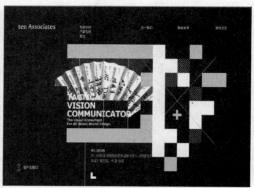

图 6-12　主色调与文字颜色的搭配

图 6-13　网页中的图片

※小贴士:

图片不仅要好看,还要在保证图片质量的情况下尽量缩小图片的尺寸,在目前网络传输速度不是很快的情况下,图片的大小在很大程度上影响了网页的传输速度。小图片(100×40像素)一般可以控制在6KB以内,动画控制在15KB以内,较大的图片可以分割成小图片。

(6)网页排版。要灵活运用表格、层、帧、CSS样式表来设置网页的版面。网页页面整体的排版设计是不可忽略的,很重要的一个原则就是合理地运用空间,让自己的网页疏密有致,井井有条,留下必要的空白,让人觉得很轻松。不要把整个网页都填得密密实实,没有一点空隙,这样会给人一种压抑感,如图6-14所示。

※小贴士:

为了保持网站的整体风格,建议先制作有代表性的一页,将页面的结构、图片的位置、链接的方式统统设计周全。这样制作出来的主页,不仅速度快,而且整体性强。

(7)背景。网页的背景并不一定要用白色,选用的背景应该和整套页面的色调相协调。合理地运用色彩是非常关键的,根据心理学家的研究,色彩最能引起人们奇特的想象,最能拨动感情的琴弦。如果制作的主页是属于感情类的,那么最好选用一些玫瑰色、紫色之类的比较淡雅的色彩,而不要用黑色、深蓝色这类比较灰暗的色彩,如图 6-15 所示。黑色是所有色彩的集合体,黑色比较深沉,它能压抑其他色彩,在图案设计中黑色经常用来勾边或点缀最深沉的部位。黑色在运用时必须小心,否则会使图案因"黑色太重"而显得沉闷阴暗。

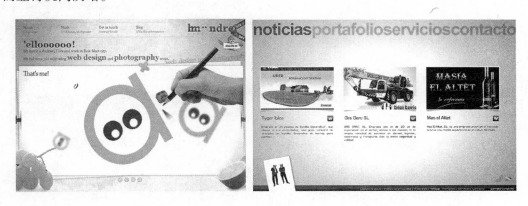

图 6-14　网页中的排版

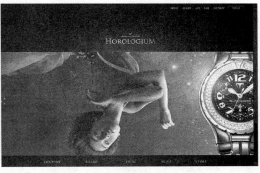

图 6-15　网页背景颜色

(8) 其他。如果想让网页更有特色,可适当地运用一些网页制作的技巧,如声音、动态网页、Java、Applet 等,当然这些小技巧最好不要运用太多,否则会影响网页的下载速度。另外考虑主页站点的速度和稳定性,不妨考虑建立一两个镜像站点,这样能照顾到不同地区网友对速度的要求,做好备份以防万一。主页做好了,可在上面添加一个留言板、计数器等。留言板可以及时获得浏览者的反馈信息;计数器能让你知道主页浏览者的统计数据,这样可以及时调整页面的设计,适应不同的浏览器和浏览者的要求。

6.1.5　网页效果图设计流程

要想设计效果精美的网页图像,在 Photoshop 软件中,既能够像制作平面图像那样来制作网页图像,又能够使用网页特有的工具来创建并保存网页图片,从而完成网页效果图的前期设计。

6.1.5.1　创建辅助线

当网站资料收集完成,并且确定网站方向后,就可以在 Photoshop 中开始设计网页图像了。为了更加精确地建立网页图像的结构,首先要通过参考线来确定网页结构的位置,如图 6 – 16 所示。

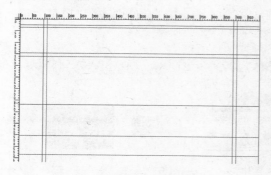

图 6 – 16　创建网页参考线

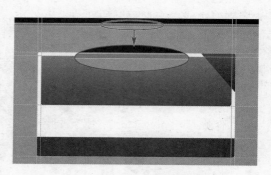

图 6 – 17　填充网页结构底色

6.1.5.2　绘制结构底图

根据参考线的位置,由底层向上,在不同的图层中,建立不同形状的选区并填充不同的颜色,从而得到网页结构图的雏形,如图 6 – 17 所示。

6.1.5.3　添加内容

当网页基本结构完成后,就可以在相应的区域内添加导航、Logo、Banner、菜单、主题标题、页眉页脚等网站内容来充实整个网页图像,如图 6 – 18 所示。

图 6 – 18　添加网页元素

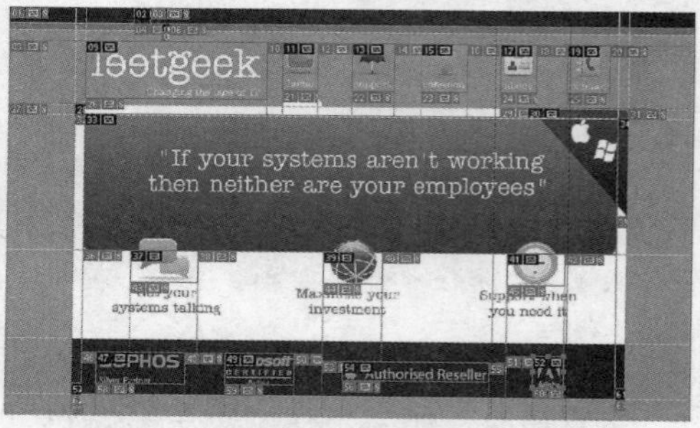

图 6 – 19　创建切片图像

6.1.5.4　切片

当一切网页图像设计完成后,为了后期网页文件的制作,需要将这幅网页图像切割成若干个网页图片。这里使用 Photoshop 中的切片工具来实现,如图 6 – 19 所示。在创建切片时可以根据具体情况添加参考线来精确切片的位置与个数,从而得到精确尺寸的图片。

6.1.5.5　优化

在网页文件中,图像格式有 JPEG、GIF、PNG和 BMP,并且在后期网页制作软件 Dreamweaver

图 6 – 20　优化切片图像

中还能够插入 PSD 格式的图像,但还是需要找到最适合网页的图片,并且在不影响图片质量的情况下,将图片文件容量压缩至最小。这样就需要用到 Photoshop 中的"存储为 Web 和设备所用格式"命令,来优化网页图片,如图 6 – 20 所示。

6.1.5.6　导出

选择"存储为 Web 和设备所用格式"命令并且设置其对话框中的参数后,就可以将整幅网页图像保存为若干个网页图片,如图 6 – 21 所示,从而方便后期网页文件的制作。

图 6 – 21　导出切片图像

6.2　网页色彩基础

不同的网站有着自己不同的风格,设计者不仅要掌握基本的网站制作技术,还需要掌握网站的风格、网页中的色彩系列、色彩配合元素、整体色彩氛围等,网页颜色搭配得当,成功也就完成了一半。

在本节中,我们将认识网页色彩与色彩的基础知识,如何进行色彩管理以及网页配色的基本方案,根据设计网站的需要,培养对网页配色策划与分析的能力,培养对网页色彩的感觉。

6.2.1　认识网页色彩

网页设计是一种特殊的视觉设计,它对色彩的依赖性很高,色彩在网页上是重要的视觉元素,它是人们视觉最敏感的东西,也是网站风格设计的决定性因素之一。

选择网页主色调时不仅要考虑网站本身的风格,还应遵守一定的艺术规律,色彩具有鲜明、独特、艺术性,如图 6 – 22 所示。

恰当的色彩搭配会给访问者带来很强的视觉冲击力,如图 6 – 23 所示网页的色彩搭配,虽然用色较少,但相信当浏览者观看后不仅对此网页印象深刻而且回味无穷。

图 6-22　色彩的视觉性

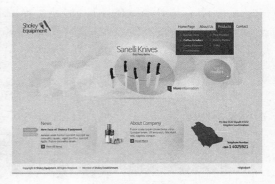

图 6-23　色彩的合理搭配

6.2.2　色彩理论

自然界的色彩虽然各不相同,但任何色彩都具有色相、亮度、饱和度这三个基本属性,也称为色彩的三要素。

6.2.2.1　色相

色相指色彩的相貌。色相根据该色彩的光波长划分,色彩的波长相同,色相就相同,波长不同才产生色相的差别。色性指不同色彩产生的相对冷暖感觉,这种冷暖感觉是基于人类长期生活积淀所产生的心理感受,如图 6-24 所示,红黄搭配有热烈感,蓝绿搭配则具清凉感。

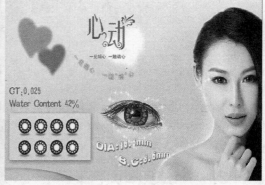

图 6-24　不同色相的网页

如果把光谱的红、橙、黄、绿、蓝、紫诸色带首尾相连,制作一个圆环,在红和紫之间插入半幅,构成环形的色相关系,便称为色相环。在六种基本色相各色中间加插一个中间色,其首尾色相按光谱顺序为红、橙红、橙、黄、黄绿、绿、青绿、蓝绿、蓝、蓝紫、紫、红紫,构成十二基本色相,这十二色相的色调变化,

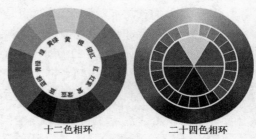

十二色相环　　二十四色相环

图 6-25　十二色相环与二十四色相环

在光谱色感上是均匀的,如图6-25所示。

6.2.2.2 饱和度

饱和度是指色彩的纯净程度。饱和度取决于该色中含色成分和消色成分的比例,含色成分越大,饱和度越大;消色成分越大,饱和度越小。向任何一种色彩中加入黑、白、灰都会降低它的饱和度,加得越多就降得越低。

黑白网页与彩色网页之间存在着非常大的差异。大多数情况下黑白网页给浏览者的视觉冲击力不如彩色网页效果强烈,同时对作品网页的风格也有着一些局限性。而色彩的选择不仅仅决定了作品的风格,同时也使作品更加饱满,富有魅力,如图6-26所示。

图6-26 彩色网页与黑白网页

6.2.2.3 亮度

亮度指色彩的明暗程度。亮度是全部色彩都具有的属性,亮度关系是搭配色彩的基础。亮度最适于表现物体的立体感与空间感。

白颜料属于反射率相当高的物体,在其他颜料中混入白色,可以提高混合色的反射

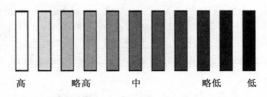

图6-27 不同亮度

率,也就是说提高了混合色的明度。混入白色越多,亮度提高得越多。相反,黑颜料属于反射率极低的物体,在其他颜料中混入黑色越多,亮度降低得越多。在无彩色中,亮度最高的色为白色,亮度最低的色为黑色,中间存在一个从亮到暗的灰色系列,如图6-27所示。

6.3 网页构图与风格设计

网页设计属于平面设计,所以网页效果同样包含色彩与布局这两种元素。网页设计虽然具有其自身的结构布局方式,但是平面设计中的构成原理和艺术表现形式也适用于网页设计,并且当两者成功结合时,制作出的网页才会受浏览者喜爱。

6.3.1 网页结构布局

网页布局是指对网页中的文字、图形等内容，也就是网页中的元素进行统筹计划与安排。网页布局的方法有两种，第一种为纸上布局，第二种为软件布局。

Photoshop 所具有的对图像的编辑功能，在网页布局的设计上更是得心应手。利用 Photoshop 可以方便地使用颜色，使用图形，并且可以利用层的功能设计出用纸张无法表现的布局意念。

6.3.1.1 "国"字形网页布局

"国"字形也可以称为"同"字形，是一些大型网站所喜欢的类型，即最上面是网站的标题以及横幅广告条，接下来就是网站的主要内容，左右分列两小条内容，中间是主要部分，与左右一起罗列到底，最下面是网站的一些基本信息、联系方式、版权声明等。这种结构是网页最常见的一种结构类型，如图 6 - 28 所示。

6.3.1.2 拐角型网页布局

拐角型结构与上一种结构只是形式上的区别，上面是标题及广告横幅，左侧是导航链接等，右列是很宽的正文，下面是一些网站的辅助信息，如图 6 - 29 所示。

图 6 - 28 "国"字形或"同"字形网页布局   图 6 - 29 拐角型网页布局

6.3.1.3 标题正文型网页布局

标题正文类型，即最上面是标题或者类似的一些东西，下面是正文，比如一些文章页面或者注册页面等就是这种类型的网页，如图 6 - 30 所示。

6.3.1.4 左右框架型网页布局

这是一种左右分为两页的框架结构，一般左面是导航链接，有时最上面会有一个小的标题或标志，右面是正文。我们见到的大部分的大型论坛都是这种结构的，这种结构非常清晰，一目了然，如图 6 - 31 所示。

6.3.1.5 上下框架型网页布局

与上一种结构类似，区别仅仅在于这是一种上下分为两页的框架。这种框架的网页上面是固定的标志和链接，下面是正文部分，如图 6 - 32 所示。

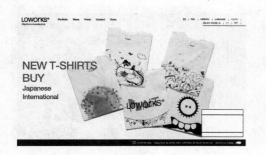

图 6 – 30　标题正文型网页布局

图 6 – 31　左右框架型网页布局

图 6 – 32　上下框架型网页布局

图 6 – 33　综合框架型网页布局

6.3.1.6　综合框架型网页布局

该布局是上面两种结构的结合。它是相对复杂的一种框架结构,较为常见的是类似于拐角型结构的,只是采用了框架结构而已,如图 6 – 33 所示。

6.3.1.7　封面型网页布局

这种类型基本上是出现在一些网站的首页,大部分为一些精美的平面设计结合一些小的动画,放上几个简单的链接或者仅是一个"进入"的链接甚至直接在首页的图片上做链接而没有任何注释。

这种结构大部分出现在企业网站和个人主页中,如果处理得好,会给人带来赏心悦目的感觉,如图 6 – 34 所示。

6.3.1.8　Flash 型网页布局

其实 Flash 型网页布局与封面型网页布局结构是类似的,只是这种类型采用了目前非常富有游戏性的 Flash。与封面型不同的是,由于 Flash 强大的功能,页面所表达的信息更丰富,其视觉效果及听觉效果如果处理得当,绝不差于传统的多媒体,如图 6 – 35 所示。

图 6-34　封面型网页布局

图 6-35　Flash 型网页布局

6.3.2　网页形式的艺术表现

平面构成的原理已经广泛应用于不同的设计领域。在设计网页时,平面构成原理的运用能够使网页效果更加丰富。

6.3.2.1　分割构成

在平面构成中,把整体分成部分,叫做分割。在日常生活中这种现象随处可见,如房屋的吊顶、地板都构成了分割。下面介绍几种常用的分割方法。

(1)等形分割。该分割方法要求形状完全一样,如果分割后再把分隔界线加以取舍,会有良好的效果,如图 6-36 所示。

图 6-36　等形分割

图 6-37　自由分割

(2)自由分割。该分割方法是不规则的,是将画面自由分割的方法,它不同于数学规则分割产生的整齐效果,它的随意性分割,给人活泼不受约束的感觉,如图 6-37 所示。

(3)比例与数列。利用比例完成的构图通常具有秩序、明朗的特性,给人清新之感。分割遵循一定的法则,如黄金分割法、数列等,如图 6-38 所示。

6.3.2.2　对称构成

对称具有较强的秩序感,设计时要在几种基本形式的基础上灵活地加以应用。以下是网页中常用的几种基本对称形式。

(1)左右对称。左右对称是平面构成中最为常见的对称方式,该方式能够将对立的元素平衡地放置在同一个平面中,如图 6-39 所示,为某网站的首页。该页面通过左右对称结构,将黑白两种完全不同的色调融入同一个画面。

图 6-38　比例分割

图 6-39　对称构成

(2)中轴对称。中轴对称布局在修饰方面要采用简单大方的元素,如图 6-40 所示。

(3)回转对称。回转对称给人一种对称平衡的感觉,如图 6-41 所示。

图 6-40　中轴对称

图 6-41　回转对称

6.3.2.3　平衡构成

在造型的时候平衡的感觉是非常重要的。由于平衡造成的视觉满足,人们能够在浏览网页时产生一种平衡、安稳的感受。平衡构成一般分为两种:一种是对称平衡,如人、蝴蝶等一些以中轴线为中心左右对称的形状;另一种是非对称平衡,虽然没有中轴线,却有很端正的平衡美感。

(1)对称平衡。对称是最常见、最自然的平衡手段。在网页中局部或者整体采用对称平衡的方式进行布局,能够得到视觉上的平衡效果。如图 6-42 所示,就是在网页的中间区域采用了对称平衡构成,使网页保持了平稳的效果。

(2)非对称平衡。非对称其实是一种层次更高的对称,如果把握不好,页面就会显得乱,因此使用起来要慎重,更不可滥用。如图 6-43 所示,通过左上角浅色图案堆积与右下角深色填充的非对称设计,形成非对称平衡结构。

图 6-42　对称平衡

图 6-43　非对称平衡

6.3.3　网页纹理的艺术表现

　　纹理归根结底是色彩,它是网页的重要视觉特征。在网页设计时,使用不同的纹理,配以适当的内容,能够让浏览者记忆深刻,尤其运用牛皮纸、木纹等纹理,可以使网页具有更强的真实感。

6.3.3.1　肌理

　　肌理又称质感,由于物体的材料不同,表面的排列、组织、构造上不同,因而产生粗糙感、光滑感、软硬感。在设计中,为达到预期的设计目的,强化心理表现和更新视觉效应,必须研究创造更新更美的视觉效果。

　　(1)纸类肌理。各种不同的纸张,由于加工的材料不同,本身在粗细、纹理、结构上不同,或人为的折皱、揉搓产生特殊的肌理效果,如图 6-44 所示网页以布料肌理为背景。

图 6-44　布料肌理

　　(2)喷绘。使用毛笔将墨汁或者带有色彩的溶解颜料涂抹在纸上,能够创造出具有中国风格的泼墨肌理,如图 6-45 所示为毛笔纹理的网页。使用喷笔、金属网、牙刷将溶解的颜料刷下后,颜料如雾状喷在纸上,也可以创造出个性的肌理,如图 6-46 所示为喷绘纹理的网页。

　　(3)渲染。这种方法是在吸水性强的材料表面,使用液体颜料进行渲染、浸染,颜料会在表面自然散开,产生自然优美的肌理效果,如图6-47所示。

　　(4)自然界元素。现在网站设计对背景的重视程度越来越高,因为网站要给人一种整体效果,如图6-48所示为木纹与绿叶肌理形成的网页背景。

图6-45　毛笔纹理

图6-46　喷绘纹理

图6-47　渲染肌理

图6-48　木纹与绿叶肌理

6.3.3.2　发射

　　发射的现象在自然界中广泛存在,太阳的光芒、盛开的花朵、贝壳、螺纹和蜘蛛网等形成发射图形。可以说发射是一种特殊的重复和渐变,其基本形和骨骼线均是环绕着一个或者几个中心所作的构成。发射有强烈的视觉效果,能引起视觉上的错觉,形成令人炫目的、有节奏的、变化不定的图形。

　　(1)中心点式发射构成。该构成方式是由中心向外或由外向内集中地发射。发射图案具有多方的对称性,有非常强烈的焦点,而焦点易于形成视觉中心,发射能产生视觉的

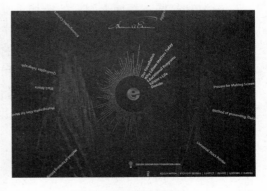

图6-49　发射图案

光效应,使所有光线犹如光芒从中心向四面散射,如图6-49所示。

　　(2)螺旋式发射。它是以旋绕的排列方式进行的,旋绕的基本形逐渐扩大形成螺旋

式的发射,如图 6 – 50 所示。

(3)同心式发射。同心式发射是以一个焦点为中心,层层环绕发射,如图 6 – 51 所示为同心式发射网页背景效果。

图 6 – 50   螺旋式发射

图 6 – 51   同心式发射

6.3.3.3   密集

密集在设计中是一种常用的组图手法,基本形在整个构图中可自由散布,有疏有密。最疏松或者最紧密的地方常常成为整个设计的视觉焦点。在图面中造成一种视觉上的张力,向磁场一样,具有节奏感,如图 6 – 52 所示为双色圆环图案密集构成的网页背景效果。

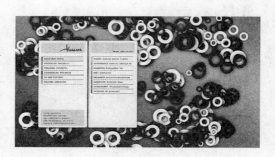

图 6 – 52   密集构成

6.3.4   网页构成的艺术表现

重复、渐变以及空间构成都是色彩构成的方式,它们同样也适用于网页。运用这些形式不仅可以使网页充实、厚重、整体、稳定,而且能够丰富网页的视觉效果,尤其是空间构成的运用,能够产生三维空间,增强网页的深度感以及立体感。

6.3.4.1   重复

重复是指同一画面上同样的造型重复出现的构成方式,重复无疑会加深印象,使主题得以强化,它也是最富秩序的统一观感的手法。在网站构成中,重复可以分为背景和图像两种形态出现,在背景设计中就是形状、大小、色彩、肌理完全重复,如图 6 – 53 所示。

6.3.4.2   渐变

渐变是骨骼或者基本形循序渐进的变化过程中,呈现出阶段性秩序的构成形成,反映

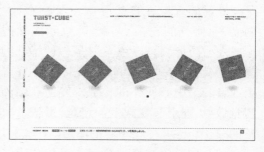

图 6 – 53   重复构成

的是运动变化的规律,如按形状、大小、方向、位置、疏密、虚实、色彩等关系进行渐次变化排列的构成形式,如图 6 – 54 所示。

6.3.4.3   空间

(1)平行线的方向。改变排列平行线的方向,会产生三次元的幻象,如图 6 – 55 所示

为具有空间感的网页效果。

（2）折叠表现。在平面上一个形状折叠在另一个形状之上，会有前后、上下的感觉，产生空间感，如图6-56所示。

图6-54 渐变构成

图6-55 三维空间

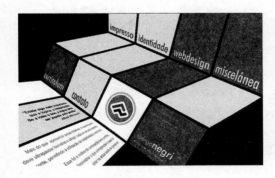

图6-56 折叠空间

图6-57 立体空间效果

（3）阴影表现。阴影的区分会使物体具有立体感和凹凸感，如图6-57所示为通过阴影得到的立方体效果的网页。

6.3.5 网页设计风格类型

随着审美要求的提高，网页视觉效果越来越被重视。由于网页设计隶属于平面设计，所以平面设计中的绘画风格同样能够应用于网页设计。

6.3.5.1 平面风格

平面风格是通过色块或者位图等元素形成二维的效果，这种效果最常出现在网页设计中，如图6-58所示。

6.3.5.2 矢量风格

矢量风格的网页通过矢量图像组合而成，这种风格的网页图像效果可以任意地放大或缩小，而不会影响查看效果，所以它经常应用于动画网站中，如图6-59所示。（注意网速支持）

图 6-58　平面风格的网页效果

图 6-59　矢量风格的网页效果

6.3.5.3　像素风格

像素画也属于点阵式图像,但它是一种图标风格的图像,更强调清晰的轮廓、明快的色彩,几乎不用混叠方法来绘制光滑的线条,所以常常采用 GIF 格式,同时它的造型比较卡通,得到很多朋友的喜爱。如图 6-60 所示的网页中,就是采用了像素画与真实人物结合的方式制作而成的。

6.3.5.4　三维风格

三维是指在平面二维系中又加入了一个方向向量构成的空间系。三维风格中的三维空间效果在网页中的运用,能够使其效果无限延伸,如图 6-61 所示。

图 6-60　像素风格的网页效果

而三维风格中的三维对象在网页中的应用,则能够在显示立体空间的同时,突出其主题,如图 6-62 所示。

图 6-61　三维空间的网页效果

图 6-62　三维对象的网页效果

6.4　网站标志设计与制作

本节以浩凡手机网站标志制作为例进行介绍。

操作步骤：

（1）在 Photoshop 中建立 550 × 300 像素、分辨率为72 像素/英寸的空白画布。选择椭圆工具，在画布中建立不同直径的正圆路径。创建正圆路径时，三个正圆的比例要协调，如图 6 – 63 所示。

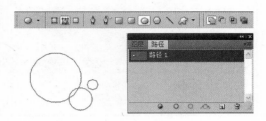

（2）使用路径选择工具将两个小圆（按住 Shift 键可以选择多个路径）路径剪切至新建"路径 2"中。按 Ctrl +"路径 1"的缩览图，

图 6 – 63　建立正圆路径

将"路径 1"中的路径转换为选区后，新建图层并填充浅蓝色（#4294D3），如图 6 – 64 所示。

（3）按 Ctrl +"路径 2"的缩览图，将"路径 2"转换为选区后，在新建"图层 2"中填充相同的浅蓝色。使用椭圆工具在"图层 1"中删除重叠区域，如图 6 – 65 所示。

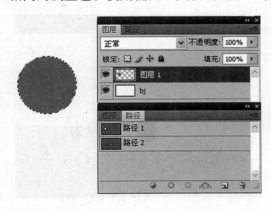

图 6 – 64　填充颜色

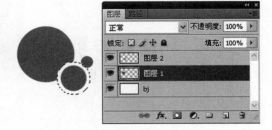

图 6 – 65　修饰正圆

（4）使用钢笔工具建立具有弧度的半圆路径，将其转换为选区后填充白色，并设置该图层的不透明度为 20%，如图 6 – 66 所示。

图 6 – 66　绘制半透明不规则半圆路径

图 6 – 67　建立高光

（5）使用钢笔工具建立半圆环路径，转换为选区后在新建图层中填充白色。设置该图层的不透明度为 80%，如图 6－67 所示。

（6）选择横排文字工具，在大圆图像中输入字母 HF，设置文字属性，并进行旋转，如图 6－68 所示。

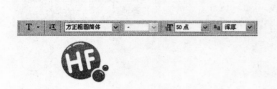

图 6－68　输入 HF 字母　　　　　　　　图 6－69　绘制大圆投影

（7）在背景图层上方新建图层，使用椭圆选取工具建立椭圆选区后，设置羽化半径参数为 2 像素，然后填充灰色（#C6C6C4）投影，如图 6－69 所示。

（8）选择横排文字工具，分别在正圆右侧输入黑色与蓝色文本，并且设置相同的文本属性，如图 6－70 所示。

（9）使用椭圆选取工具选中"TELEPHONE"文本图层，通过选取得到弧度选区后，在新建图层中填充白色，并设置该图层的不透明度为 50%，如图 6－71 所示。

（10）选中除背景层以外的其他图层，按 Ctrl + Alt + Shift + E 键将所有制作效果盖印组合到同一图层。

图 6－70　输入文本　　　　　　　　　图 6－71　制作文字高光

6.5　旅游类网站设计

旅游是一种健康的生活方式，特别是一些名胜古迹蕴藏着古老的文化，所以在设计网站时，要考虑到当地的景点特色与风景，使网站风格与景点相符。图 6－72 所示为以欧洲的名胜古迹所建立的网站，它采用了其中的某处风景作为网页背景图像或者 Banner 背景图像，并且以不同的方式应用在网页中。

图 6 - 72 名胜古迹类网站首页与内页效果图

在名胜古迹类网站设计过程中,由于首页放置了较大尺寸的图像,所以各个栏目的内容放置在半透明几何图形内部,使得栏目内容与背景融为一体。这样在制作过程中就需要设置不同图形的不透明度选项,网站内页结构采用了拐角型布局,只是将导航条放置在 Banner 内部,使其形成一个整体。

6.5.1 网站首页制作

(1)在 900 × 840 像素、分辨率为 72 像素/英寸的空白文档中,选择工具箱中的渐变工具,由上至下创建 3 种颜色的渐变,如图 6 - 73 所示。

(2)打开素材图片"白云草地. psd"后,将其拖至文档中,并且调整到适当位置,如图 6 - 74所示。

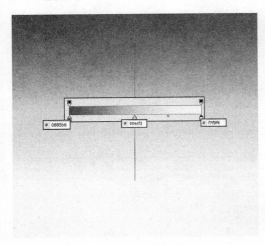

图 6 - 73 创建渐变背景   **图 6 - 74 载入素材图片**

(3)将素材图片"城堡. jpg"中的图像拖至文档后,执行"自由变换"命令,对其进行水平翻转、缩小调整位置,然后使用魔棒工具将图片中的蓝色天空删除,效果如图6 - 75所示。

图 6 - 75　载入并且修改素材图片

（4）在图像上方区域输入文本后，在画布顶部使用矩形选取工具创建两个大小不一的矩形，分别填充不同的颜色，然后在浅色矩形下方输入网站名称，如图 6 - 76 所示。

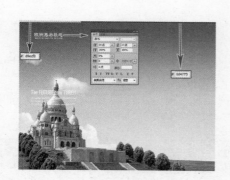

图 6 - 76　创建矩形与输入文本

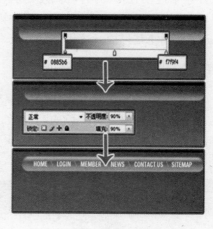

图 6 - 77　制作水晶效果导航

（5）创建两种颜色的渐变圆角矩形后，在其上半部分创建由白到透明的渐变，形成水晶效果，然后输入文本，形成水晶导航，如图 6 - 77 所示。

（6）在水晶导航下方创建两个半径为 5 像素的圆角矩形，分别使用颜色填充，如图 6 - 78所示。

图 6 - 78　绘制圆角矩形

（7）使用横排文字工具，分别在两个不同的圆角矩形内部输入文本，并设置不同的字符属性，如图6-79所示。

图6-79 输入导航栏目文本

（8）使用圆角矩形工具绘制半径为8像素的深蓝色圆角矩形，并在图层调板中设置总体不透明度与内部不透明度均为50%，如图6-80所示。

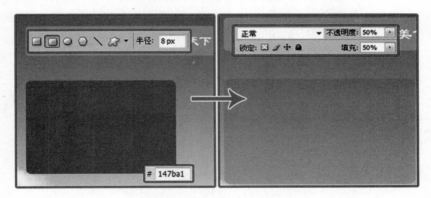

图6-80 绘制圆角矩形

（9）在半透明圆角矩形内部创建浅蓝色圆角矩形，并且在其选区内执行"滤镜→添加杂色"命令，如图6-81所示。

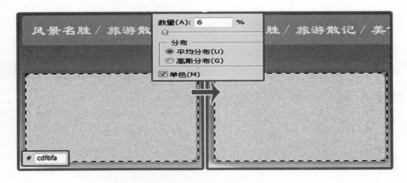

图6-81 绘制杂色圆角矩形

（10）使用相同方法绘制水晶效果按钮后，使用矩形选取工具绘制两个尺寸相同的矩形,并且填充白色,然后为其添加"描边"图层样式,并进行参数设置,如图 6-82 所示。

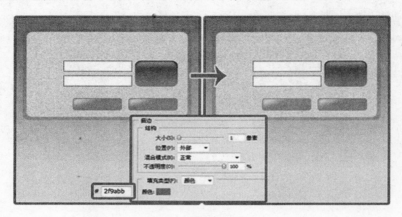

图 6-82 绘制描边矩形

(11)选择工具箱中的单行选框工具连续创建两个 1 像素的矩形选框,并且填充不同颜色形成凹陷效果的直线,然后输入不同属性的文本,如图 6-83 所示。

(12)绘制半径为 6 像素的白色圆角矩形后,为其添加 5 像素的"描边"图层样式,然后设置总体不透明度与内部不透明度均为 50%,如图 6-84 所示。

(13)将素材图片"图标.psd"中的图像拖至文档中,并且调整位置后,使用横排文字工具输入不同属性的文本,如图 6-85 所示。

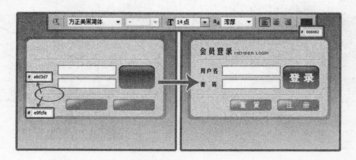

图 6-83 绘制矩形选框与输入文本

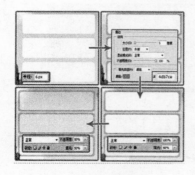

图 6-84 绘制圆角矩形

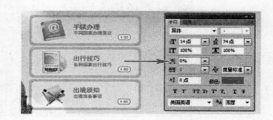

图 6-85 载入素材图片与输入文本

（14）绘制一个具有镂空效果的白色圆角矩形后,设置总体不透明度与内部不透明度均为70%,然后在镂空区域绘制倾斜矩形,设置总体不透明度与内部不透明度均为20%,如图6-86所示。

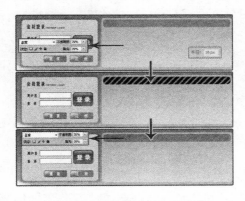

图6-86 绘制具有镂空效果的圆角矩形

（15）选择横排文字工具,分别在不同区域输入文本,并且设置不同的字符属性,如图6-87所示。

图6-87 输入文本

（16）通过圆角矩形工具、矩形工具与椭圆工具,绘制几何图形,然后结合添加杂色滤镜、渐变工具,进行制作,如图6-88所示,导入素材图片并且放置在适当位置。

图6-88 制作栏目背景

（17）选择横排文字工具,在不同区域输入不同文本,并且设置不同的字符属性,如图6-89所示。

图6-89 输入并设置文本

（18）在画布底部创建白色矩形，然后在白色与图像之间的灰色矩形区域中绘制绿色圆角矩形，并且输入文本，如图6-90所示。

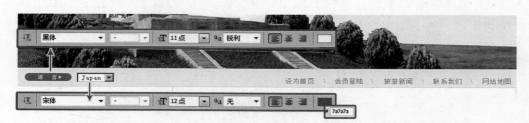

图6-90 制作版尾背景并输入文本

（19）选择横排文字工具，在画布右侧不同区域输入文本，并且设置不同的字符属性，如图6-91所示。

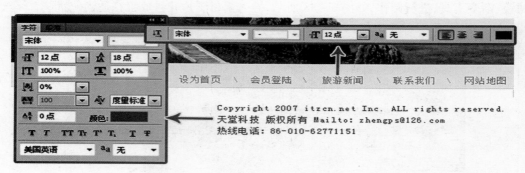

图6-91 制作版权信息

（20）至此，网站首页设计完成，按Ctrl+R键打开标尺，根据网页中的栏目拉出参考线。选择切片工具，创建切片，并使用切片选择工具调整切片范围，如图6-92所示。

图 6 - 92　创建切片

（21）最后，执行"文件→存储为 Web 和设备所用格式"命令，将所有的切片图像设置为 GIF 格式，然后将其保存为图像文件，如图 6 - 93 所示。

图 6 - 93　保存切片图像

6.5.2　网站内页设计

（1）在 900×840 像素、分辨率为 72 像素/英寸的空白文档中，选择工具箱中的渐变工具，由上至下创建颜色到透明的渐变，如图 6 - 94 所示。

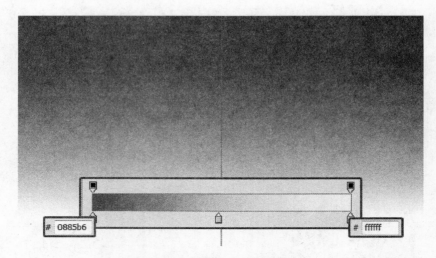

图 6 - 94　创建颜色到透明渐变

（2）将素材图片"建筑.jpg"与"树木.jpg"拖至文档中,并且通过魔棒工具删除蓝色区域。执行"自由变换"命令调整图像,如图 6 - 95 所示。

图 6 - 95　导入素材图片

（3）在"树木"图层中按 Ctrl + M 键打开"曲线"对话框,在绿通道中向上调整曲线,增加树木的绿色像素,如图 6 - 96 所示。

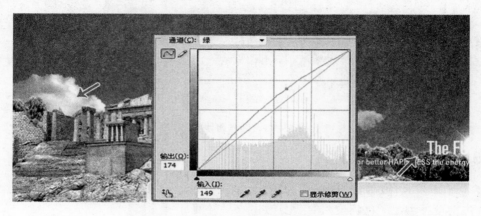

图 6 - 96　调整树木色调

（4）使用圆角矩形工具在不同的图层绘制半径为 10 像素的白色圆角矩形。然后使用橡皮擦工具分别在"建筑"与"树木"图层中涂抹,使其自然融入背景,如图 6 – 97 所示。

图 6 – 97　绘制圆角矩形

（5）在白色圆角矩形下方新建图层,并且在圆角矩形选区内创建由黑到透明的渐变。执行 3 像素的高斯模糊滤镜命令后,设置图层属性如图 6 – 98 所示。

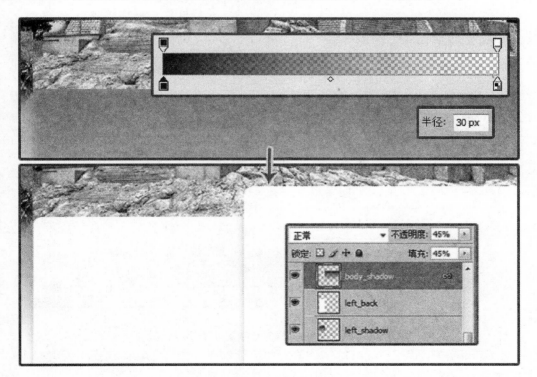

图 6 – 98　制作背景阴影

（6）绘制具有中灰色描边的浅灰色圆角矩形与灰色虚线后,填充由左至右斜线图案,并且设置图层属性,然后在圆角矩形左侧输入栏目名称,如图 6 – 99 所示。

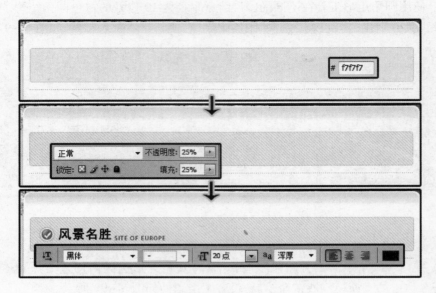

图 6 - 99 制作注释栏目

（7）在左侧绘制具有杂点的蓝色圆角矩形后，为其添加"内部发光"图层样式，参数设置如图 6 - 100 所示。

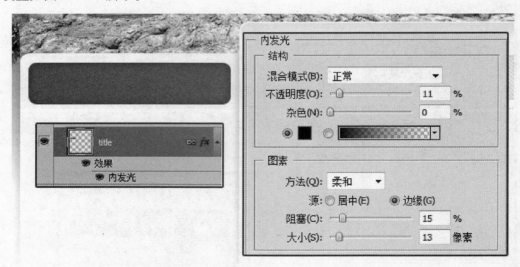

图 6 - 100 绘制圆角矩形并且添加图层样式

（8）在圆角矩形上方输入文本后，在其下方绘制 5 个浅灰色矩形，并且分别为每个矩形的上、下边缘进行描边，如图 6 - 101 所示。

（9）在灰色矩形内部绘制圆点，并且输入文本。这里设置了不同颜色的字符属性，如图 6 - 102 所示，这是为后期制作做准备。

（10）将网站首页的版头与版尾对象复制到内页文档中，并且放置到适当的位置，如图 6 - 103 所示。至此，网站内页结构制作完成。

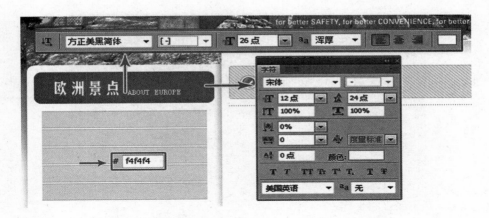

图 6 – 101　输入文本与绘制矩形

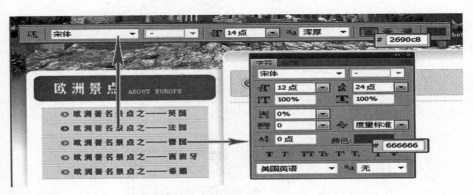

图 6 – 102　绘制圆点并输入文本

图 6 – 103　复制首页版头与版尾对象

（11）按 Ctrl + R 键打开标尺,根据网页中的栏目拉出参考线。选择切片工具后创建切片,并且使用切片选择工具调整切片范围,如图 6 – 104 所示。

（12）最后执行"文件→存储为 Web 和设备所用格式"命令,将网站内页的切片图像逐一保存,并且与网站首页的切片放置在同一个文件夹中。

图 6 – 104　创建切片

6.6　购物类网站设计

购物网站是一个网络购物站点,是做产品的销售和服务性质的网站,如果设计不当就很可能导致客户的流失。确定网站设计风格时,应考虑什么样的设计才能更加有效地吸引顾客,从而构造一个具有自身特色的购物网站。本节案例中的购物网站首页以草绿色为色调,如图 6 – 105 所示。

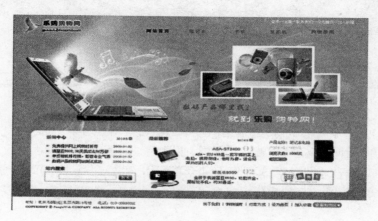

图 6 – 105　乐购购物网首页

这个购物网站主要以笔记本电脑、手机和照相机等产品为主。在设计首页的过程中，对 3 种产品图像做了展示。在制作过程中，首先要确定的是网页的布局及色调，然后根据色调制作网站背景。

6.6.1 设置网页布局

（1）新建一个宽度和高度分别为 1023 像素、750 像素的白色背景文档。按 Ctrl + R 键显示出标尺，拉出两条水平辅助线，如图 6 - 106 所示。

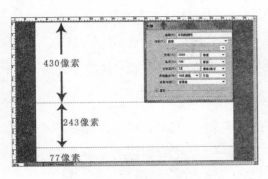

图 6 - 106　新建文档

图 6 - 107　创建矩形选区并填充颜色

（2）新建"绿背景"图层，使用矩形选取工具在高度 430 像素内建立矩形选区，并填充绿色，如图 6 - 107 所示。

（3）双击该图层，打开"图层样式"对话框，启用"渐变叠加"复选框。设置"#AC-DB00—#ACDB00—#87B800"颜色渐变，设置参数，如图 6 - 108 所示。

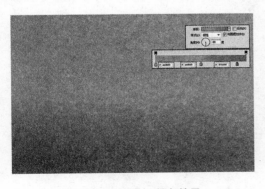

图 6 - 108　添加渐变效果

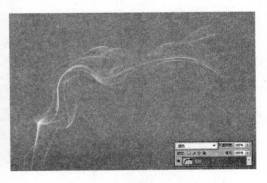

图 6 - 109　绘制背景花纹

（4）打开"花纹.psd"素材，放置到首页文档中，并将图层的混合模式设置为"滤色"，如图 6 - 109 所示。

（5）新建"光晕"图层，设置前景色为淡绿色（#BEE22D）。使用画笔工具在画布上单击，如图 6 - 110 所示。画笔的大小、不透明度和硬度参数可根据实际情况随时更改。

（6）设置前景为白色，使用圆角矩形工具在工具选项栏上单击"形状图层"按钮，并设置 W 为 920 像素，H 为 218 像素，圆角半径为 10 像素。在画布上单击，建立圆角矩形，如图 6 - 111 所示。

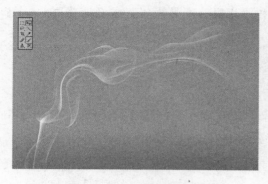

图 6－110　添加光晕效果

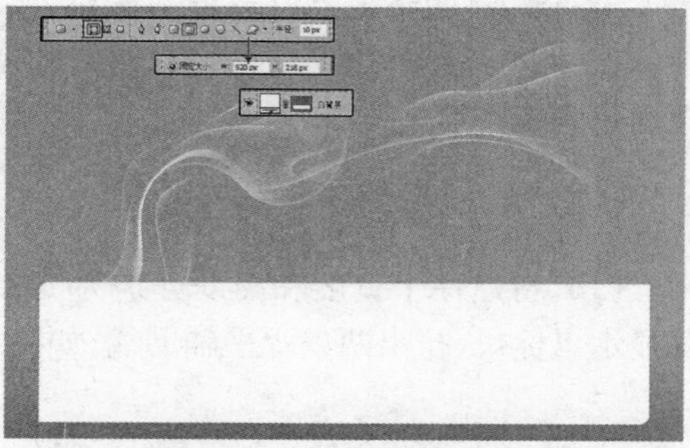

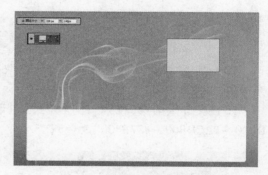

图 6－111　建立圆角矩形

（7）使用直接选择工具和转换点工具选中锚点，移动调整，将圆角转换为直角，如图 6－112所示。

※小贴士：

只有在矢量蒙版处于工作状态时，使用直接选择工具才能将路径锚点选中。

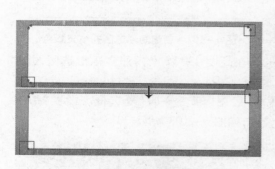

图 6－112　调整路径锚点

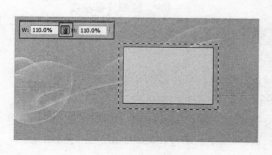

图 6－113　创建形状图层

（8）设置前景色为 15％ 的灰色，按照上例方法，使用矩形工具，设置 W 为 220 像素，H 为 142 像素。在画布上单击，建立矩形，并创建形状图层，如图 6－113 所示。

（9）按住 Ctrl 键单击当前图层蒙版缩览图，载入图像矩形选区。执行"选择→变换选区"命令，单击工具选项栏上"保持长宽比"按钮。设置水平缩放为 110％，选区扩大。按Enter 键结束变换，如图 6－114 所示。

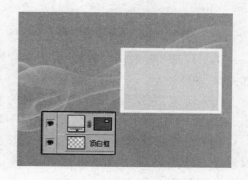

图 6－114　扩大选区

图 6－115　新建顶白框图层

（10）在矩形下方新建"顶白框"图层，填充白色，取消选区，如图 6 – 115 所示。

（11）按照上述方法，分别在该图形左边和右边绘制两个小型相框，如图 6 – 116 所示。

（12）首页背景及整个布局基本绘制完成，如图 6 – 117 所示。

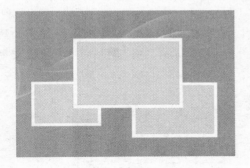

图 6 – 116　绘制相框效果

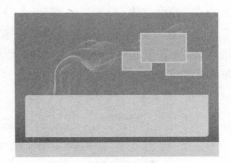

图 6 – 117　首页布局

6.6.2　添加内容

（1）打开"标志. psd"文档，将标志放置在首页左上角。双击标志所在图层，打开"图层样式"对话框，启用"外发光"复选框。设置外发光大小为 10 像素，如图 6 – 118 所示。

图 6 – 118　添加外发光效果

（2）使用横排文字工具，输入网站名称"乐购购物网"和网址"www. PLShopping. com"，设置文本属性，如图 6 – 119 所示。

图 6 – 119　输入网站名称和网址

图 6 – 120　为文本添加描边和外发光效果

（3）分别双击文本图层,启用"描边"图层样式,对文字添加 2 像素白色描边,并添加与标志相同参数的外发光效果,如图 6 – 120 所示。

（4）使用横排文字工具,在首页右上角输入"登录—注册—联系我们—设为首页—加入收藏"导航信息,设置文本属性,如图 6 – 121 所示。

（5）新建"导航线"图层,使用矩形选取工具,设置宽度为 1 像素,高度为 20 像素。建立选区,填充墨绿色(#9DC60C),取消选区,如图 6 – 122 所示。将"网站首页"导航文字添加"颜色叠加"图层样式,设置为黑色。

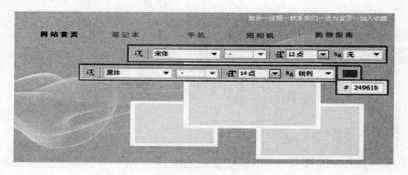

图 6 – 121　输入导航信息

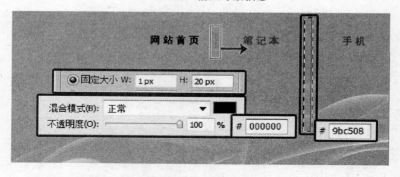

图 6 – 122　绘制导航线

（6）打开"电脑. psd"素材,将其放置到首页中。按 Ctrl + J 键复制"电脑",并按下 Ctrl + T 键将图像进行垂直翻转后垂直向下移动,如图 6 – 123 所示。

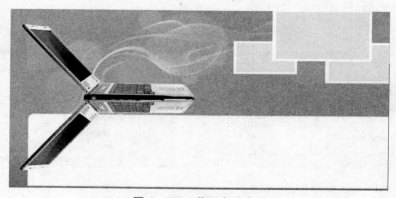

图 6 – 123　载入电脑素材

（7）选中"电脑"副本图层,使用矩形选取工具建立选区。按 Ctrl + Shift + I 键反选选区。单击图层面板下的"添加图层蒙版"按钮,对图层添加蒙版,将选区以外的副本图像覆盖,并设置该图层不透明度为 10% ,如图 6 – 124 所示。

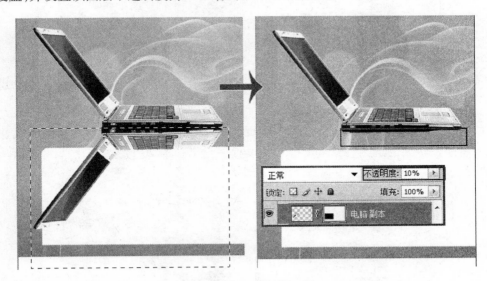

图 6 – 124　绘制电脑倒影

（8）在"电脑"图层下方新建"投影"图层,使用钢笔工具建立路径。将路径转换为选区,填充黑色,如图 6 – 125 所示。

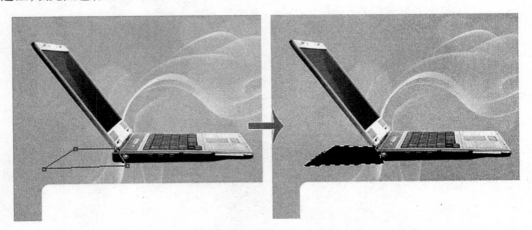

图 6 – 125　绘制电脑投影

（9）取消选区,设置该图层不透明度为 20% ,并使用橡皮擦工具进行涂抹。画笔大小和不透明度可根据实际情况随时更改,如图 6 – 126 所示。

（10）打开"风景. psd"素材,放置到首页文档中。按 Ctrl + T 键打开变换框,等比例缩小图片。按住 Ctrl 键单击调整控制柄,使图像与电脑屏幕重合,如图 6 – 127 所示。

图 6－126　涂抹电脑投影

图 6－127　添加电脑画面

（11）打开"鸽子.psd"素材，放置到首页文档"电脑"画面旁边。使用钢笔工具建立路径。将路径转换为选区，按 Shift＋F6 键设置羽化半径为 20 像素，羽化选区，如图 6－128 所示。

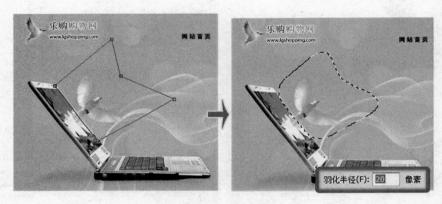
图 6－128　建立选区

（12）新建"光"图层，使用渐变工具单击工具选项栏上的"线性渐变"按钮，设置透明色到白色渐变。在画布上执行渐变，取消选区，如图 6－129 所示。

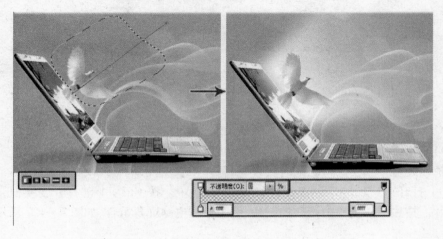
图 6－129　绘制光效果

（13）打开"音符.psd"、"绿叶.psd"素材,并放置到首页文档中,如图6-130所示。

图6-130 添加装饰素材

（14）打开"相机.psd"素材,放置在较大的相框图像上。将相机所在的图层放置在该形状相框图像上,并将鼠标放在两图层之间,按住Alt键单击,如图6-131所示。

（15）按照上述操作,分别打开"手机.psd"、"笔记本.psd"素材,并放置在其他两个相框图像中,如图6-132所示。

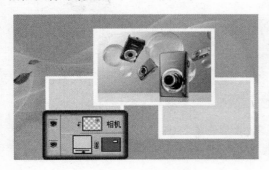

图6-131 放置相机图片

图6-132 放置手机及笔记本图像

（16）使用横排文字工具输入宣传语,设置文本属性,如图6-133所示。

（17）使用横排文字工具在画布白色区域左边输入"新闻中心"信息,设置文本属性,如图6-134所示。

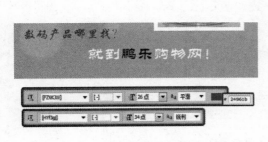

图6-133 输入宣传语

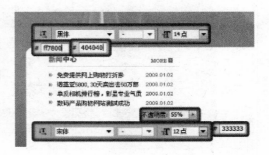

图6-134 输入文本信息

（18）使用矩形工具在信息下方绘制矩形,创建形状图层,并添加描边效果。

（19）新建"按钮"图层,使用圆角矩形工具创建圆角矩形形状图层。双击该图层,启用"渐变叠加"图层样式,设置棕色(#773200)到白色渐变。使用横排文字工具输入"搜索"文字,设置文本属性,如图 6 – 135 所示。

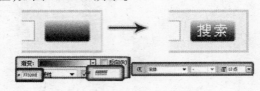

图 6 – 135　绘制"搜索"按钮

（20）按照上例方法,使用横排文字工具输入"新品推荐"文本信息并放置相关图像信息,如图 6 – 136 所示。

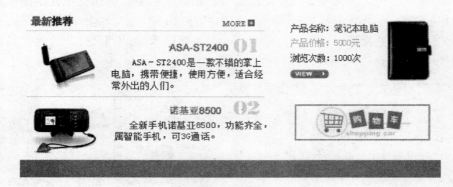

图 6 – 136　放置文本图像信息

（21）最后,使用横排文字工具在首页最下方空白区域输入版权信息,如图 6 – 137 所示。

图 6 – 137　输入版权信息

6.6.3　网站内页设计

（1）打开网站首页文档，执行"图像→复制"命令，命名为"内页布局"。将标志、背景、导航、版权信息及白色图像以外的信息删除，如图 6-138 所示。

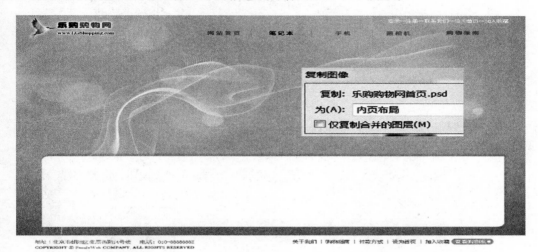

图 6-138　复制首页文档并删除相关信息

（2）选中白色区域图像所在图层，按 Ctrl + J 键复制该图像。单击副本矢量形状蒙版缩览图，使其处于工作状态。按 Ctrl + T 键水平翻转图像，在工具选项栏上设置垂直缩放比例为 120%。结束变换，如图 6-139 所示。

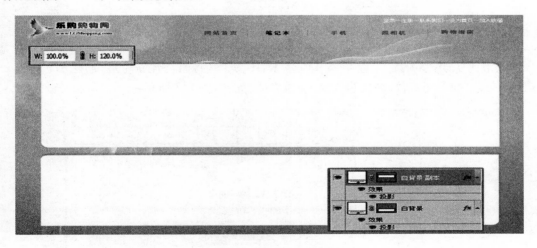

图 6-139　复制并调整图像

（3）在副本图像蒙版处于工作状态时，使用自定形状工具在工具选项栏上的相撞取色器中选择"选项卡"按钮。在副本图像顶端绘制图形，如图 6-140 所示。

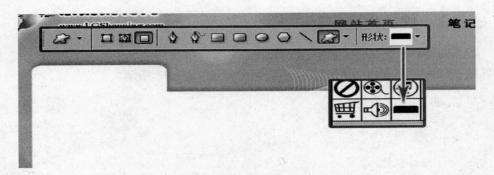

图 6 – 140　添加图像形状

（4）分别对白色背景图像及副本图像添加投影。启动"投影"图层样式,设置投影的不透明度为 12% ,光源角度为 120 度,其他参数默认,如图 6 – 141 所示。

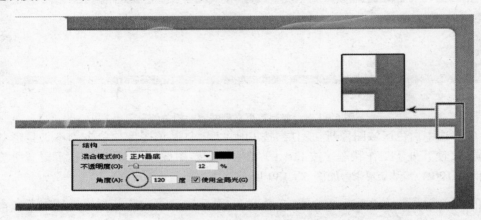

图 6 – 141　添加投影

（5）使用矩形工具,设置 W 为 156 像素,H 为 137 像素。建立矩形,创建形状图层。启用"描边"图层样式,添加描边效果,设置参数,如图 6 – 142 所示。

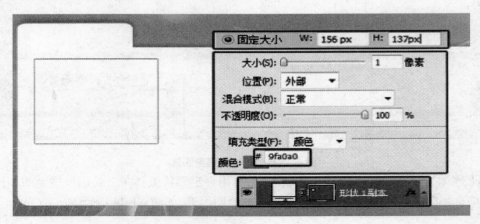

图 6 – 142　绘制矩形框

（6）按 Ctrl + J 键 4 次,复制 4 个矩形框,并将其水平排列起来,如图 6 – 143 所示。

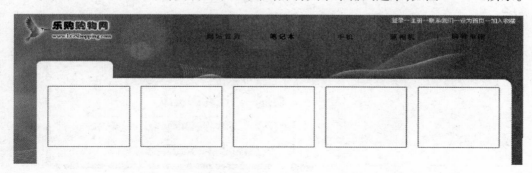

图 6 – 143　绘制矩形框

（7）按照上例操作,在下方绘制 6 个矩形框,添加相同描边效果,并设置大小,如图 6 – 144所示。

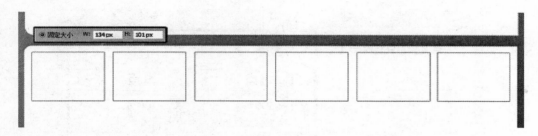

图 6 – 144　绘制矩形框

（8）内页布局基本制作完成,如图 6 – 145 所示。执行"文件→保存"命令,将"内页布局"保存为 PSD 格式文档。

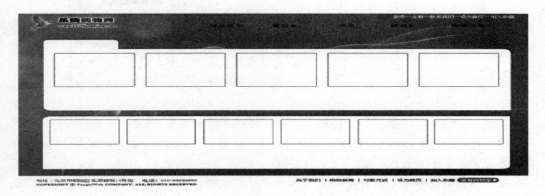

图 6 – 145　内页布局

6.6.4　网站图像展示

（1）执行"图像→复制"命令,复制"内页布局"文档为"乐购购物网内页——笔记本"。在导航中,对"笔记本"文字图层添加"颜色叠加"图层样式,将文字设置为黑色,删除"网站首页"文字图层样式,如图 6 – 146 所示。

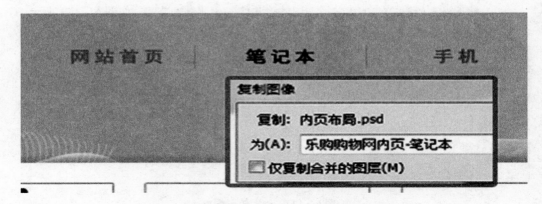

图 6 – 146 复制内页布局文档并进行设置

（2）使用横排文字工具输入"笔记本电脑专区"，设置文本属性，如图 6 – 147 所示。

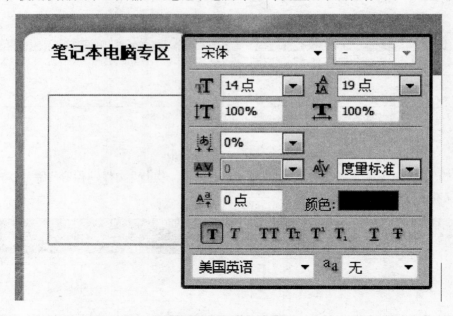

图 6 – 147 输入文本

（3）打开"华硕 K40E667IN – SL"电脑图片，放置到文档中。按照上例方法，将图片剪切放置到第一个方框内，如图 6 – 148 所示。

（4）使用横排文字工具在图像下方输入产品名称及价格，设置文本属性，如图6 – 149所示。

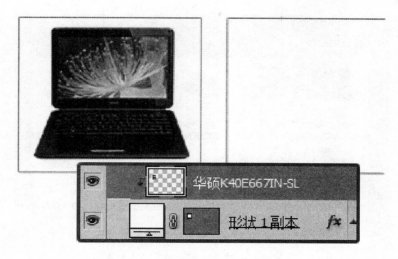

图 6–148　放置电脑图片

图 6–149　输入产品名称及价格

（5）同上述绘制"搜索"按钮的方法一样，使用圆角矩形工具绘制"购买"和"收藏"按钮，并设置参数，如图 6–150 所示。

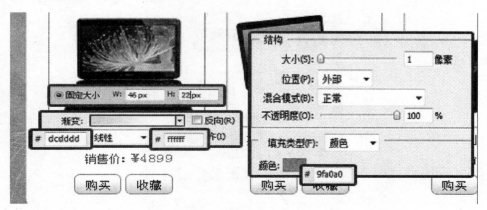

图 6–150　绘制按钮

（6）按照上述方法，放置不同种类的电脑图像，并在图像下方输入相对应的文本信息，如图 6–151 所示。

图6-151 放置电脑图像及文本信息

（7）使用横排文字工具在文档右下角输入"共:8页【1】2 3 4 5 下一页"文字作为页码,设置文本属性,如图6-152所示。

图6-152 输入页码

（8）按照上述方法,分别制作"手机"及"相机"产品的两个内页,如图6-153所示。

图6-153 手机和相机产品内页

6.6.5　网站文字信息展示

（1）复制"内页布局"文档为"乐购购物网内页—购物指南"，并将导航中的"购物指南"文字设置为黑色，如图 6 – 154 所示。

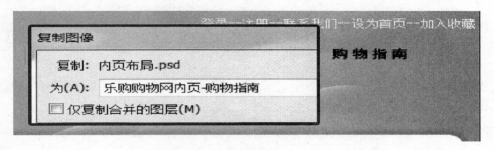

图 6 – 154　复制内页布局文档并设置文字信息

（2）将所有方框图删除，使用横排文字工具输入"代购须知"文本信息内容，设置文本属性，如图 6 – 155 所示。

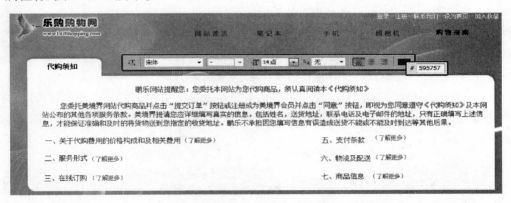

图 6 – 155　输入文本信息

（3）使用横排文字工具在条例后面输入文字，设置文本属性，如图 6 – 156 所示。

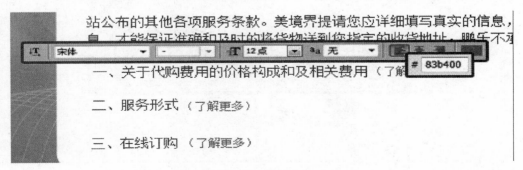

图 6 – 156　输入文本

（4）仍使用横排文字工具在画布下面白色区域输入"代购指南"等相关文本信息，设置文本属性，如图 6 – 157 所示。

图 6 – 157　输入文本信息

（5）按照上述文本操作，依次输入"配送方式"、"支付方式"、"售后服务"和"特色服务"相关信息，如图 6 – 158 所示。

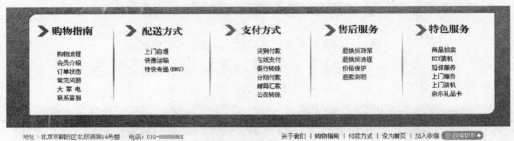

图 6 – 158　输入文本信息

（6）新建"符号"图层，使用自定义形状工具在工具选项栏上的自定义形状拾取器中选择箭头 2，设置前景为绿色（#83B400）。按住 Shift 键，在画布上拖动鼠标建立图像，如图6 – 159所示。

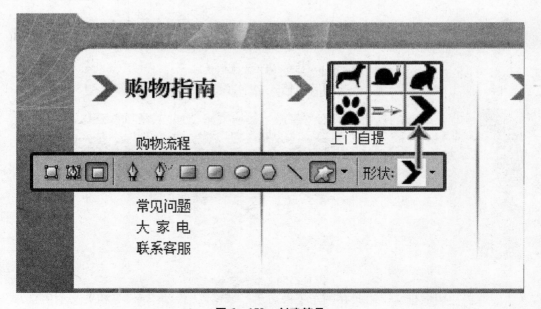

图 6 – 159　创建符号

（7）使用钢笔工具，按住 Shift 键绘制直线路径。选择画笔工具，设置硬度为 100%，主直径为 3 像素，新建图层"分割线"，如图 6 - 160 所示。

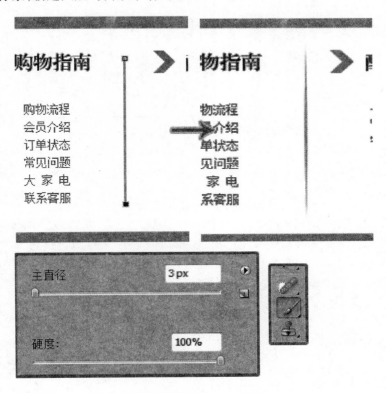

图 6 - 160　创建分割线

（8）分别复制符号和分割线，按照上例操作放置，如图 6 - 161 所示。

图 6 - 161　复制符号和分割线并放置到相应位置

7 空间设计效果图
后期处理与制作

内容导航

　　本章节主要讲解空间设计效果图的后期处理与制作。在空间效果图方面,后期处理部分非常重要,前期效果图的灯光与材质把握不到位的地方,都可以借助于 Photoshop 强大的图像编辑功能进行弥补修整以及场景氛围的再塑造。本章节通过列举建筑、景观、室内等空间类型的效果图实例来对相关知识点进行讲解。

学习要点

- ■ 制作分析
- ■ 添加场景配景
- ■ 调整整体效果
- ■ 特殊效果处理

招式示意

调整色彩平衡

添加场景配景

添加锐化效果

添加纹理贴图

添加动感模糊

添加雾化效果

添加高斯模糊

7.1 写字楼建筑外观效果图后期处理实例

7.1.1 打开及合并文件

（1）启动 Photoshop CS5，打开前面渲染完成的建筑部分效果图及其通道文件，如图 7-1 所示。

（2）首先将两个文件中的建筑部分与背景分离。先激活效果图文件，在菜单栏上执行"选择→载入选区"命令，如图 7-2 所示。

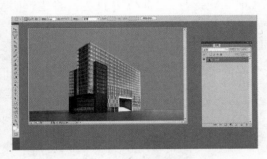

图 7-1 打开效果图源文件

图 7-2 载入选区

（3）执行完上述操作后，会看到建筑部分被单独选中，然后按 Ctrl+J 键，将选区部分单独复制在一个新的图层中，并将新图层命名为"建筑"。采用相同的方法将通道文件中的主体建筑与背景分离，并将新建图层命名为"通道"，如图 7-3 所示。

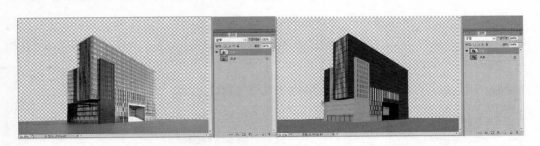

图 7-3 分离建筑图层及通道图层

（4）按住 Shift 键，选择并拖动"通道"文件中的"通道"图层到效果图文件中，如图 7-4 所示。

（5）为图像整体确定一个大的基调。首先为图像添加天空背景，打开本书配套光盘相关章节的"Sky. psd"文件，将其拖入当前文档中，然后在图层面板中拖动到"建筑"图层下方，将其命名为"天空"，注意在图像中调整其位置，如图 7-5 所示。

图 7-4 拖动通道图层到效果图文件

图 7-5 添加天空背景贴图

7.1.2 调整建筑主体

（1）通过观察可以发现建筑整体过暗。按 Ctrl + M 键打开"曲线"对话框，将建筑明度调亮，参数设置如图 7-6 所示。

（2）仔细观察最终渲染图像，发现建筑正面玻璃的对比度稍弱，可以通过通道选出玻璃选区，复制玻璃为单独的图层，然后执行"图像→调整→亮度/对比度"和"图像→调整→色彩平衡"命令来增强玻璃的质感，参数设置如图 7-7 所示。

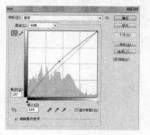

图 7-6 曲线参数设置

图 7-7 建筑正面玻璃参数设置

（3）如上所述，利用通道选择建筑底部的门面玻璃，然后复制为单独的图层，执行"图像→调整→亮度/对比度"和"图像→调整→色彩平衡"命令，参数设置如图 7-8 所示。

图 7-8 门面玻璃参数设置

（4）利用通道选择墙砖部分，然后复制为单独的图层，执行"图像→调整→亮度/对比度"命令，效果如图7-9和图7-10所示。

图7-9 复制墙砖新图层

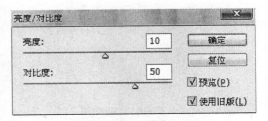

图7-10 墙砖参数设置

使用上述方法，可以完成建筑主体后期处理的其他操作，而且在接下来的处理过程中可以根据需要再次对建筑主体进行调整。实际上，后期处理是一个不断完善的过程，通过不断的改进，最终达到完美的表现效果。

7.1.3 添加配景

配景一般按照从远景到近景，从大面积到小面积的步骤进行添加，这样有利于后期的调整和对整体效果的把握。

操作步骤：

（1）为图像添加房屋配景。打开本书配套光盘中相关章节的"house.psd"文件，将其拖入当前文档中，在图像中使用移动和缩放工具调整其位置，然后在图层面板中拖动图层到如图7-11所示位置，并将其命名为"房屋"。

（2）从图7-11可以看到，房屋和地面之间的过渡太过生硬，不够真实。现在在房屋前面加一些积雪，让其对生硬的部分进行遮挡，同时也增加一些画面细节。具体操作同上，打开本书配套光盘中相关章节的"积雪01.psd"文件，将其拖入当前文档中，在图像中使用仿制图章工具和橡皮擦工具等进行修改，使其中房屋与地面之间很好地衔接，如图7-12所示。

图7-11 添加房屋配景

图7-12 添加积雪配景

（3）调整公路路面的效果。首先使用通道选出路面选区，并复制为单独的图层，然后执行"滤镜→杂色→添加杂色"命令，为路面添加一些杂色效果，使路面看起来更加真实一些,具体参数设置如图 7 – 13 所示。

(4)按 Ctrl + I 键,打开"色相/饱和度"对话框,调整路面的明度及饱和度,具体参数设置如图 7 – 14 所示。

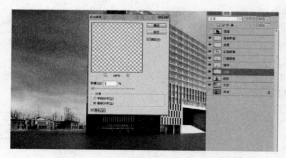 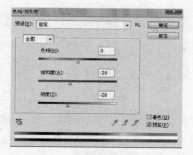

图 7 – 13   为公路路面添加杂色   **图 7 – 14   调整路面色相/饱和度**

(5)制作并调整路面的积雪效果。首先新建一个图层,将其命名为"路面积雪",用画笔工具在上面绘制白色的图案,如图 7 – 15 所示。

图 7 – 15   运用画笔绘制路面积雪

(6)执行"滤镜→模糊→动感模糊"命令,对刚才绘制的图形进行模糊处理,其参数设置和效果如图 7 – 16 所示。

图 7 – 16   动感模糊参数设置及效果

（7）最后再用橡皮擦工具进行局部擦除和淡化处理，用锐化工具进行锐化处理。如此反复执行 5～7 次，最终效果如图 7－17 所示。

（8）在建筑前面添加一些植物的配景。打开本书配套光盘中相关章节的"植物.psd"文件，将其拖入当前文档中，在图像中使用移动和缩放工具调整其位置，然后在图层面板中拖动图层到如图 7－18 所示位置，并将其命名为"植物"。

图 7－17　最终效果

图 7－18　添加植物配景

（9）因为要表现的是雪景效果，所以一般情况下公路路面具有很强的反射，下面设置植物在路面上的反射效果。首先对"植物"图层进行复制，然后在新图层上按 Ctrl + T（自由变换）键，右击选择"垂直翻转"选项，最后进行动感模糊处理，具体设置如图 7－19 所示。

（10）降低图层的不透明度为 40%，然后按 Ctrl + E 键向下合并图层，此时效果如图 7－20 所示。

图 7－19　动感模糊参数设置

图 7－20　路面反射效果

（11）在画面的右下角添加一些近景的积雪配景。打开本书配套光盘中相关章节的"积雪 02.psd"文件，将其拖入当前文档中，在图像中使用移动和缩放工具调整其位置，然后在图层面板中拖动图层，并将其命名为"近景积雪"，如图 7－21 所示。

（12）为画面添加一些人物，使画面看起来更加生动。打开本书配套光盘中相关章节的"人物.psd"文件，将其拖动至当前文档中，在图像中使用移动和缩放工具调整其位置，再使用前面讲解的方法为人物添加路面反射，最后合并图层，并将其命名为"人物"，效果如图 7－22 所示。

图 7-21   添加近景积雪配景

图 7-22   添加人物配景

※小贴士：

在建筑效果图的制作过程中任务布置是非常常见的，在画面表现中加入适宜的人物，可以起到点缀画面、烘托气氛、彰显建筑体量、表现建筑功能的作用，但是人物图像不宜过多、过杂，否则会画蛇添足，舍本求末。

（13）在公路上加入几辆汽车。打开本书配套光盘中相关章节的"汽车. psd"文件，将其拖动至当前文档中，在图像中使用移动和缩放工具调整其位置，再使用前面讲解的方法为汽车添加路面反射，最后合并图层，并将其命名为"汽车"，效果如图 7-23 所示。

（14）隐藏除"汽车"、"人物"、"近景积雪"、"植物"、"路面积雪"和"公路路面"这 6 个图层以外的所有图层，然后按 Shift + Ctrl + Alt + E(盖印) 键，对以上 6 个图层进行盖印操作，并将其命名为"公路反光"。最后使用前面讲述的方法进行高斯模糊、锐化等处理，效果如图 7-24 所示。

图 7-23   添加汽车配景

图 7-24   添加公路反光效果

（15）将"公路反光"图层的图层模式设置为"柔光"，效果如图 7-25 所示。

（16）为场景添加角树。打开本书配套光盘中相关章节的"角树. psd"文件，将其拖动至当前文档中，在图像中使用移动和缩放工具调整其位置，并将其命名为"角树"，如图 7-26 所示。

（17）接下来在画面的左侧加入几株配景树。打开本书配套光盘中相关章节的"树05. psd"文件，将其拖动至当前文档中，在图像中使用移动和缩放工具调整其位置，然后在图层面板中拖动图层，并将其命名为"树"，效果如图 7-27 所示。

图 7-25　将公路反光设置为柔光模式

图 7-26　添加角树配景

图 7-27　添加配景树

7.1.4　整体效果调节

在前面的操作中,我们对场景针对性地加入了一些配景,在布局和构图方面已经基本调节到位,现在就整体的色调、对比度等进一步进行调整,使调入画面中的不同零散的配景更加协调。

操作步骤:

(1)新建一个图层,将其命名为"校色层",在前景色拾色器中设置参数如图 7-28所示。按 Alt + Delete 键对新建图层进行填充,然后将图层模式设置为"叠加",效果如图 7-29 所示。

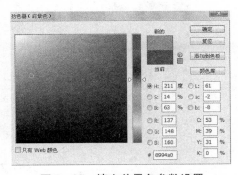

图 7-28　填充前景色参数设置

图 7-29　叠加模式处理效果

（2）按 Shift + Ctrl + Alt + E（盖印）键,对显示图层进行盖印,此时新建了一个图层。对当前图层进行高斯模糊处理,效果如图 7 – 30 所示。

图 7 – 30　高斯模糊处理

（3）将"盖印"图层的混合模式设置为"叠加",不透明度设置为 50% ,效果如图 7 – 31 和图 7 – 32 所示。

图 7 – 31　叠加模式参数设置　　　　　　　图 7 – 32　叠加模式处理效果

（4）从上图可以发现,画面的局部效果有些偏暗,按 Ctrl + M 键打开"曲线"对话框,参数设置如图 7 – 33 所示。

（5）按 Shift + Ctrl + Alt + E 键合并可见图层,最后对图像进行锐化处理,执行"滤镜→锐化→USM 锐化"命令,参数设置如图 7 – 34 所示。

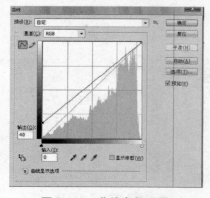

图 7 – 33　曲线参数设置　　　　　　　　图 7 – 34　USM 锐化参数设置

（6）按 Ctrl + S 键保存渲染效果文件,最终效果如图 7 - 35 所示。

图 7 - 35　最终效果

7.2　中式餐厅效果图后期处理实例

　　在室内效果图的绘制过程中,后期处理对于提高出图速度以及画面效果的营造,都有非常重要的作用。从渲染出来的正图来看,大致的画面效果基本正常,但细节的处理有所欠缺,如天空光线对整个室内色彩的影响不足、光线投影在室内个别物体上显得过于凌乱、画面左侧部分的光影气氛营造得不够等。因此,需要使用 Photoshop 软件有意识地去修整渲染大图所呈现出来的画面不足。

7.2.1　制作分析

　　把渲染小样和最后成品图放在一起进行比较,如图 7 - 36 和图 7 - 37 所示。

　　渲染小样需要改进的部分如下：

　　（1）光线带来的色彩变化不足,室内外缺乏通透感、空气感,给人的感觉较沉闷。

　　（2）室内物体明暗关系不够明确。

　　（3）局部缺乏色彩、光线的细节变化。

　　（4）针对想要表达的空间特点,在具有美感及合理的情况下可以自由发挥设计,但在制作过程当中要反映出主题思想,画面应尽可能简洁。

图 7-36　渲染效果

图 7-37　后期处理效果

7.2.2　打开成品图及通道文件

（1）打开 Photoshop CS5，执行"文件→打开"命令，导入渲染出的成品图和通道图，如图 7-38 所示。

图 7-38　渲染成品及渲染通道

（2）按下 Shift 键并配合移动工具将通道图拖曳到成品图文件，这时在成品图文件的图层中增加了一个通道图层,如图 7 – 39 所示。

(3)复制原始图层背景作为备份图层。在后期调整画面时,复制"背景"图层并创建一个"背景副本"作为备份是非常必要的,如图 7 – 40 所示。

图 7 – 39　添加渲染通道图层

图 7 – 40　复制原始背景图层

7.2.3　调整局部效果

因为本案例在出成品图时,画面的大体关系基本正常,在画面的大方向上,如亮度、对比度、色彩方面没有太多需要整体调整的。因此,可以直接开始调整更细小的部分。

7.2.3.1　调整地面

地面给人的感觉不够沉稳,主要原因是由于地面的明暗对比度不够且缺乏颜色的变化。这可以通过蒙版、曲线等命令达到理想的效果。

操作步骤:

(1)通过通道选取地面区域,从"背景副本"中进行复制,按 Ctrl + J 键复制图层,创建形成"图层 2",如图 7 – 41 所示。

(2)为了方便查找,双击"图层 2"使其处于激活状态。输入文字"地面",将"图层 2"更名为"地面",如图 7 – 42 所示。

图 7 – 41　复制地面区域并新建图层

图 7 – 42　重命名地面图层

(3)单击"地面"图层,对其使用"快速蒙版"命令,配合使用画笔工具,选中需要调整的地面区域,如图 7 – 43 所示。

(4)再次单击"快速蒙版",使红色区域处于浮动选择状态,创建选区,如图 7 – 44

所示。

图 7 – 43 运用快速蒙版进行画笔选区

图 7 – 44 选中需调整的地面区域

（5）执行"图像→调整→曲线"命令，对"地面"图层进行调整，如图 7 – 45 所示。

（6）地面最终调整效果如图 7 – 46 所示。

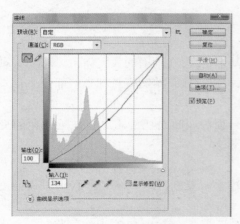

图 7 – 45 曲线参数设置

图 7 – 46 调整后效果

7.2.3.2 地面污渍处理

为了加强地面的真实感，在地面的位置贴入一张黑白贴图。

操作步骤：

（1）打开一张黑白贴图，如图 7 – 47 所示。

（2）将黑白贴图粘贴入场景文件中，按 Ctrl + T 键进行调整，如图 7 – 48 所示。

图 7 – 47 打开黑白贴图

图 7 – 48 调整黑白贴图

（3）将黑白贴图控制在地面区域，如图7-49所示。

（4）在图层模式下拉框中选择"柔光"模式，如图7-50所示。

（5）调整后效果如图7-51所示。

图7-49　调整贴图位置　　　图7-50　柔光模式调整　　　图7-51　调整后效果

7.2.3.3　调整桌椅腿

为了将画面中物体的上下层次拉得更开，需要对画面中的桌椅腿进行调整。

操作步骤：

（1）通过通道选取桌椅腿区域，从"背景副本"中进行复制，按Ctrl+J键复制图层，创建形成图层"桌椅腿"，如图7-52所示。

（2）执行"图像→调整→曲线"命令，将地面的亮度适当减弱，如图7-53所示。

 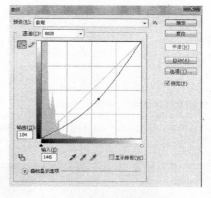

图7-52　复制桌椅腿图层　　　　　图7-53　曲线参数设置

（3）调整后效果如图7-54所示。

（4）为了拉开画面的前后关系，增强空间感，选择中间部位的桌腿将其进行提亮处理，最终效果如图7-55所示。

7.2.3.4　调整柜面

因为光影关系比较复杂，使得柜面看上去比较凌乱，需要调整。

操作步骤：

图 7 - 54 曲线调整后效果

图 7 - 55 提亮后画面效果

图 7 - 56 复制柜面图层

图 7 - 57 动感模糊参数设置

（1）通过通道选取柜面区域，从"背景副本"中进行复制，按 Ctrl + J 键复制图层，创建形成图层"柜面"，如图 7 - 56 所示。

（2）执行"滤镜→模糊→动感模糊"命令，如图 7 - 57 所示。

（3）柜面调整前后效果对比如图 7 - 58 所示，整体效果如图 7 - 59 所示。

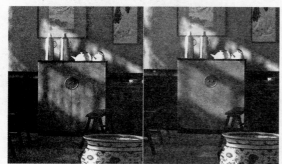

图 7 - 58 柜面调整前后效果对比

图 7 - 59 调整后整体效果

7.2.3.5 调整瓷缸

（1）通过通道选取瓷缸区域，从"背景副本"中进行复制，按 Ctrl + J 键复制图层，创建形成图层"瓷缸"，如图 7 - 60 所示。

（2）使用快速蒙版工具选中瓷缸右侧部分，如图 7 - 61 所示。

图 7 - 60　复制瓷缸图层

图 7 - 61　选取瓷缸右侧区域

（3）执行"图像→调整→曲线"命令，将其调暗，如图 7 - 62 所示。

（4）调整后效果如图 7 - 63 所示。

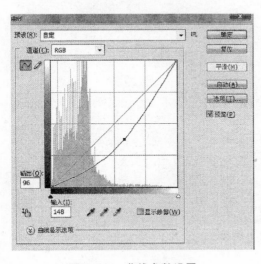

图 7 - 62　曲线参数设置

图 7 - 63　调整后效果

7.2.3.6 调整门窗隔断

（1）通过通道选取门窗隔断区域，从"背景副本"中进行复制，按 Ctrl + J 键复制图层，创建形成图层"门窗隔断"，如图 7 - 64 所示。

（2）执行"图像→调整→曲线"命令，对"门窗隔断"图层进行调整，如图 7 - 65 所示。

图 7 - 64 复制门窗隔断图层

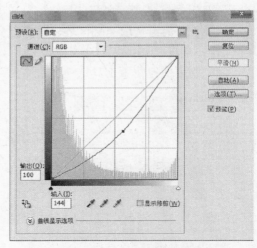

图 7 - 65 曲线参数设置

（3）调整前后效果对比如图 7 - 66 所示。

图 7 - 66 调整前后效果对比

7.2.3.7 调整隔断

（1）在"门窗隔断"图层中选取隔断区域。

（2）按 Ctrl + J 键，原地粘贴并创建"隔断"图层，如图 7 - 67 所示。

（3）执行"图像→调整→曲线"命令，将其提亮，效果如图 7 - 68 所示。

7.2.3.8 调整柱子

柱子在整个画面中起到了支撑整个空间结构的作用，为了加强柱子的稳定感，要对其进行调整。

图7-67 复制隔断图层

图7-68 提亮后效果

操作步骤：

（1）通过通道选取柱子区域，从"背景副本"中进行复制，按 Ctrl + J 键复制图层，创建形成图层"柱子"，如图7-69所示。

（2）执行"图像→调整→色相/饱和度"命令进行调整，如图7-70所示。调整后效果如图7-71所示。

图7-69 复制柱子图层

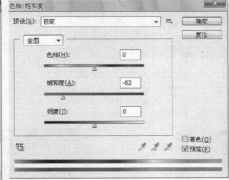

图7-70 色相/饱和度参数设置

图7-71 调整后效果

（3）使用选取工具，将羽化值设为80像素，选中柱子上、下两个部分，如图7-72所示。执行"图像→调整→曲线"命令，将上、下两个部分调暗。

（4）考虑到柱子下部受地面反光的影响，将柱子下部选中，适当提亮，效果如图7-73所示。

（5）打开一张黑白贴图，如图7-74所示。为了得到柱子光影斑驳的效果，加强柱子的真实感，将黑白贴图拖拽入场景文件，如图7-75所示。在图层面板中选择"叠加"模式，如图7-76所示。

图 7-72 选取柱子选区

图 7-73 曲线调整局部效果

图 7-74 打开黑白贴图　　　图 7-75 将黑白贴图拖入场景文件　　　图 7-76 转换为叠加模式

（6）选择"叠加"模式后，画面效果如图 7-77 所示。选择柱子部分，按 Ctrl + Shift + I 键，在黑白贴图中将所选区域删除，如图 7-78 所示。

图 7-77 叠加后效果

图 7-78 删除柱子选区

7.2.3.9 调整门板

(1)通过通道选取门板区域,从"背景副本"中进行复制,按 Ctrl + J 键复制图层,创建形成图层"门板",如图 7 - 79 所示。

(2)执行"图像→调整→曲线"命令,将其调暗,如图 7 - 80 所示。

图 7 - 79   复制门板图层

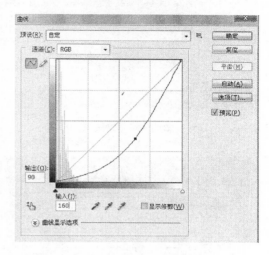

图 7 - 80   曲线参数设置

(3)调整前后效果对比如图 7 - 81 所示。

图 7 - 81   调整前后效果对比

7.2.3.10 调整墙面

(1)通过通道选取墙面区域,从"背景副本"中进行复制,按 Ctrl + J 键复制图层,创建形成图层"墙面",如图 7 - 82 所示。

(2)使用选取工具,调整羽化值为 50 像素,选中墙面受光部分,如图 7 - 83 所示。

(3)执行"图像→调整→曲线"命令进行调整,调整前后效果对比如图 7 - 84 所示。

图 7 – 82 复制墙面图层

图 7 – 83 选取墙面受光部分

图 7 – 84 调整前后效果对比

7.2.4 调整整体效果

选择最上方的"墙面"图层，然后按 Shift + Ctrl + Alt + E（盖印）键，新建"盖印"图层。

7.2.4.1 雾化效果

（1）在"盖印"图层上方添加一个新的图层，并填充为黑色，然后将图层的混合模式设置为"滤色"，如图 7 – 85 所示。

（2）将前景色设置为白色，然后选择画笔工具，将画笔设置为柔和边缘，并将不透明度设置为 20%，在"图层 1"上进行涂抹，绘制出比较自然的雾效果，然后通过调整"图层 1"的不透明度来调整雾的浓度，如图 7 – 86 所示。合并"图层 1"与"盖印"两个图层。

图7-85　添加滤色模式

图7-86　添加雾化效果

7.2.4.2　高斯模糊

（1）选择椭圆选框工具，将羽化值设为150像素，选择区域如图7-87所示。按Shift + Ctrl + I键得到反向选区。

（2）执行"滤镜→模糊→高斯模糊"命令，弹出"高斯模糊"对话框，参数设置如图7-88所示。

（3）得到模糊效果后，可以通过调整图层的不透明度控制高斯模糊的程度，如图7-89所示。

（4）中式餐厅效果图后期处理最终效果如图7-90所示。

图7-87　选取画面中心区域

图7-88　高斯模糊参数设置

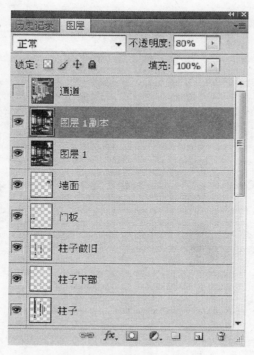

图 7 – 89　调整图层不透明度

图 7 – 90　最终效果

人文景观图像
的设计与处理

内容导航

本章主要运用 Photoshop CS5 对多种人文景观图像进行后期处理,主要包括快速处理 RAW 格式图像,处理模糊的人文景观图像、为图像加景深效果、调整画面构图及全景图像的合成,通过对图像的后期处理,使图像更加形象美观。

学习要点

- 快速处理 RAW 格式图像
- 处理模糊的人文景观图像
- 为图像加景深效果
- 调整画面构图
- 全景图像的合成

招式示意

快速处理RAW格式图像

控制图像的景深

处理模糊的人文景观图像

全景图像的合成

江南水乡景观效果设计

高原景观的效果处理与设计

8.1 人文景观图像常见处理方法

8.1.1 快速处理 RAW 格式图像

RAW 格式文件处理起来需要耗费大量时间,不同的数码相机生成的 RAW 格式文件是各不相同的。使用 Adobe Camera Raw 可以对图像进行多种编辑,主要包括裁剪校正照片、快速对白平衡进行调整、更改图像的色调、对图像进行清晰化设置等。

在 Adobe Bridge 中选择 RAW 图像,执行"文件→在 Camera Raw 中打开"命令,可以在 Camera Raw 中打开图像,如图 8－1 所示。

图 8－1 RAW 格式图像效果

8.1.1.1 调整白平衡

Adobe Camera Raw 提供了调整白平衡的多种方法,最常用的是利用白平衡工具来调整。打开 RAW 格式图像,执行"白平衡工具"命令,在图像中灰色位置单击,软件将自动调整图像的白平衡。同时,还可以执行"白平衡→色温→色调"滑块来调整白平衡,如图 8－2所示。

图 8－2 RAW 格式图像调整白平衡后效果

8.1.1.2 修正倾斜的图像

Adobe Camera Raw 中的拉直工具可以快速调整图像的角度,快速修正倾斜的图像。选择拉直工具,再预览图中沿着图像的水平线方向单击拖拽鼠标,确定水平基准线。释放鼠标后,裁剪工具将立即处于选中状态,Adobe Camera Raw 将自动创建一个裁剪框,用户根据图像对裁剪框进行调整,确定裁剪大小和范围后,按 Enter 键确定,如图8－3所示。

图8－3 RAW 格式图像执行拉直工具前后图像效果

8.1.1.3 去除图像的暗角

当拍摄者以大光圈进行拍摄时,图像往往会出现不同程度的暗角现象,这种现象也称为四角失真。在 Adobe Camera Raw 中可以利用镜头校正面板快速减轻图像的暗角,使画面整体曝光均匀。执行"镜头校正"命令,在面板中单击并向右拖拽"镜头晕影"选项下的数量滑块和中点滑块,或者直接在文本框中输入数值,可去除照片中的暗角,如图8－4所示。

图8－4 镜头校正参数设置及校正前后图像效果

8.1.1.4 色差图像的艺术处理

使用 Adobe Camera Raw 中的色调分离面板可以实现图像的艺术化处理。打开 RAW格式图像,执行"色调分离"命令,在面板中分别对图像的色相、饱和度等进行调整,如图

8-5 所示。通过设置,可将图像转换为一种全新的风格,如图 8-6 所示。

8.1.2 控制图像的景深效果

通常,在图像中适当增加模糊,不仅能提高图像意境,同时也能表现出不一样的景深效果,而达到增强图像表现力的目的。在Photoshop CS5 中可以利用模糊工具和模糊滤镜组来控制图像的景深效果。

8.1.2.1 模糊工具

使用模糊工具可以对图像局部区域进行模糊处理,其原理是通过降低相邻像素之间的反差,使图像边界或区域变得柔和,产生梦幻般的特殊效果。执行"模糊工具→模糊强

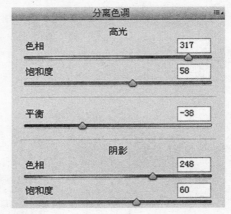

图 8-5 RAW 格式图像执行色调分离面板

度"命令,对模糊强度进行设置,设置强度值越大,涂抹区域就变得越柔和,如图 8-7 和图8-8所示,模糊强度值为70%。

图 8-6 RAW 格式图像执行色调分离前后图像效果

图 8-7 原始图像 图 8-8 执行模糊后图像效果

8.1.2.2 模糊滤镜组

在 Photoshop CS5 的模糊滤镜组中包括了表面模糊、动感模糊、方框模糊、形状模糊等 11 种模糊滤镜。执行"滤镜→模糊"命令，在菜单下显示了所有模糊滤镜，应用这些滤镜可以对选区或整个图像进行柔化，使图像产生平滑过渡的效果。

（1）表面模糊。表面模糊滤镜可以使图像保持边缘的同时对图像的表面添加模糊效果，用于创建特殊效果并消除杂色或颗粒，如图 8 –9 和图 8 –10 所示。

图 8 –9　原始图像　　　　　　　　　图 8 –10　执行表面模糊后图像效果

（2）动感模糊和方框模糊。动感模糊滤镜可以使图像按照指定的方向或强度进行模糊，此效果类似于以固定的曝光时间给一个正在移动的对象拍摄。方框模糊滤镜使用相邻像素的平均颜色值模糊对象，可以计算特定像素平均值大小，在"方框模糊"对话框中，输入的半径值越大，产生的模糊效果越明显，如图 8 –11 至图 8 –13 所示。

图 8 –11　原始图像　　　　图 8 –12　动感模糊处理后图像　　图 8 –13　方框模糊处理后图像

（3）高斯模糊。高斯模糊滤镜通过设置模糊的半径值为图像进行模糊。执行"滤镜→模糊→高斯模糊"命令，打开"高斯模糊"对话框，在对话框中输入半径值，半径为 10 时模糊后的图像效果如图 8 –14 所示，半径为 4 时模糊后的图像效果如图 8 –15 所示。

（4）模糊和进一步模糊。模糊滤镜可以用来柔化整体或部分图像，使用进一步模糊滤镜得到的效果相当于应用 3 ~ 4 次模糊滤镜后的效果。应用模糊滤镜后的效果如图 8 –16 所示，应用进一步模糊滤镜后的效果如图 8 –17 所示。

图 8 - 14 半径为 10 的高斯模糊图像

图 8 - 15 半径为 4 的高斯模糊图像

图 8 - 16 模糊处理图像

图 8 - 17 进一步模糊处理图像

（5）径向模糊和镜头模糊。使用径向模糊滤镜模糊后的图像效果与相机在拍摄过程中进行移动或旋转后所拍摄图像的模糊效果相似，如图 8 - 18 所示。镜头模糊滤镜可以在模糊图像时产生更强的景深效果，如图 8 - 19 所示。

图 8 - 18 径向模糊处理图像

图 8 - 19 镜头模糊处理图像

（6）平均。平均滤镜是通过寻找图像或者选区的平均颜色，然后再用该颜色填充图像或选区，可以使图像变得平滑。使用选取工具在图像中创建选区如图 8 - 20 所示，选区应用平均滤镜后的效果如图 8 - 21 所示。

图 8 - 20　创建选区后的图像

图 8 - 21　平均滤镜处理图像

（7）特殊模糊和形状模糊。特殊模糊可以准确模糊图像,执行"滤镜→模糊→特殊模糊"命令,在对话框中设置参数后,可对图像进行模糊,如图 8 - 22 所示。形状模糊滤镜是使用指定形状来创建模糊效果,使用者可以根据图像选择形状来制作图像的模糊效果,如图 8 - 23 所示。

图 8 - 22　特殊模糊处理图像

图 8 - 23　形状模糊处理图像

8.1.3　全景图像合成方法

在拍摄照片时,常常不能一次性完成一幅全景图像的拍摄,这时就需要利用 Photoshop 来合成全景图像。全景图像的合成有多种不同的方法,主要使用"自动对齐图层"命令合成全景照片和使用"Photomerge"命令合成全景图像。

8.1.3.1　执行"自动对齐图层"命令合成全景图像

自动对齐图层可以根据不同图层中相似的内容自动对齐图层,并替换或删除具有相同背景的图像部分,或将共享重叠内容的图像合在一起。

操作步骤:

（1）将用于合成全景图的图像打开,在 Photoshop 中打开图 8 - 24 至图 8 - 26。

（2）执行"文件→新建"命令,新建一个空白文档,然后将打开的图像分别拖拽到新建的文档中,并在图层面板中生成"图层 1"、"图层 2"和"图层 3",如图 8 - 27 所示。

（3）设置自动对齐选项。同时选中三个图层,执行"编辑→自动对齐图层"命令,打开"自动对齐图层"对话框,勾选"晕影去除"和"几何扭曲"复选框,单击"确定"按钮,如

图 8−28 所示。

图 8−24 未合成图像 1

图 8−25 未合成图像 2

图 8−26 未合成图像 3

图 8−27 复制到一起的图像

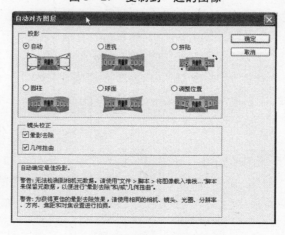
图 8−28 设置自动对齐选项

（4）合成全景图像。系统将应用设置对图像进行处理,并在图像窗口中生成自动对齐后的全景图像,再利用裁剪工具把多余的图像裁剪掉,得到完整的全景图效果,如图8-29和图8-30所示。

图8-29　图像进行裁剪效果

图8-30　合成后的全景图像

※小贴士:

在自动对齐图层中可以用"晕影去除"和"几何扭曲"两个复选框来对图像进行镜头校正。若勾选"晕影去除"复选框,可将由于镜头瑕疵和镜头遮光处理不当而导致边缘较暗的图像中的晕影去除;若勾选"几何扭曲"复选框,则可以补偿桶形、枕形或鱼眼扭曲后导致的图像失真。

8.1.3.2　执行"Photomerge"命令合成全景图像

全景图像也可以通过"Photomerge"命令来实现,在"Photomerge"对话框中对各选项进行设置,可非常方便地将一个位置拍摄的多张图像合成为一幅图像,制作出全景图像效果。

操作步骤:

（1）打开图像,在 Photoshop 中将同一位置3幅图像打开,如图8-31所示。

图 8 – 31　原始图像

（2）执行"Photomerge"命令。执行"文件→自动→Photomerge"命令，打开"Photomer-ge"对话框。

（3）添加文件。单击右侧"添加打开的文件"按钮，将打开的 3 个文件添加为使用的源对象，如图 8 – 32 所示。

（4）合成全景图像。设置完成后单击"确定"按钮，软件就会开始处理图像，将这 3 幅图像自动合成在一起，制作成全景图，并生成一个新的文档，如图 8 – 33 和图 8 – 34 所示。

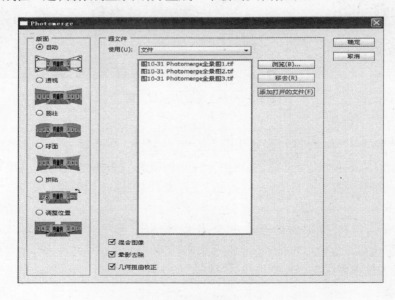

图 8 – 32　添加图像文件

图 8 – 33　合成图像裁剪效果

图 8 – 34　合成图像效果

8.2　Photoshop 在人文景观图像设计中的应用

　　Photoshop 进行人文景观图像的设计与处理,为人文景观设计的表现带来了很大的方便,可以使景观设计效果表现得更加真实,表现手法更加便捷。

8.2.1　江南水乡景观的效果处理与设计

　　利用 Photoshop 就可以很轻松地调整出想要的各种光色搭配、亮度及曝光度。本案例以江南水乡优美的景观为素材,通过对画面整体色调的调整和设置,使整幅图像在艺术形式上更加美观。

　　操作步骤:

　　(1)打开需要的素材图像,选择背景图层,并将其复制,然后对图层混合模式进行调整,如图 8 – 35 所示。

图 8 – 35　对背景图层进行调整

（2）打开需要的蓝天素材图像，如图 8 – 36 所示，单击工具箱中的移动工具按钮，将素材图像拖拽到编辑的图像中，得到"图层 1"，如图 8 – 37 所示。

图 8 – 36　蓝天素材图像

图 8 – 37　将图像拖拽至编辑图像中

（3）选中背景图层，单击"图层 1"前的指示图层可见性图标，隐藏"图层 1"的可见状态，如图 8 – 38 所示。执行"窗口→通道"命令，打开通道面板，如图 8 – 39 所示。

图 8 – 38　隐藏图层 1 的可见性

图 8 – 39　打开通道面板

（4）单击通道面板中的蓝通道，在画面中查看蓝通道下的图像效果，如图 8 – 40 和图 8 – 41 所示。

图 8 – 40　选中蓝通道

图 8 – 41　蓝通道下图像效果

（5）单击并拖拽蓝通道至面板底部的"创建新通道"按钮上，复制蓝通道，得到蓝副本通道，如图 8 – 42 所示。

（6）按 Ctrl + L 键，打开"色阶"对话框，设置色阶值为 196，0.58，231，设置完成后单击"确定"按钮，如图 8 – 43 所示。

图 8-42　新建蓝副本通道

图 8-43　设置图像色阶

（7）在画面中查看蓝副本通道应用"色阶"命令后的图像效果。在工具箱中设置前景色为黑色，单击工具箱中画笔工具，在其选项栏中设置其不透明度为 100%，如图 8-44 所示。

（8）使用画笔工具在画面适当位置单击并进行涂抹，将图像部分涂抹为黑色。继续使用画笔工具在画面适当位置涂抹，将图像区域涂抹为黑色，如图 8-45 所示。

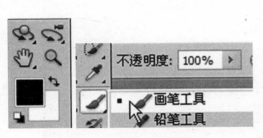

图 8-44　设置前景色和画笔

图 8-45　使用画笔工具涂抹图像

（9）按住 Ctrl 键单击蓝副本通道的通道缩览图，将蓝副本通道中的图像作为选区载入，如图 8-46 和图 8-47 所示。

图 8-46　将通道载入选区

图 8-47　载入选区后图像效果

（10）执行"选择→反向"命令，将选区进行反向。单击 RGB 通道前的指示通道可见性图标，在画面中查看 RGB 通道下的图像效果，如图 8-48 所示。

（11）选中"背景副本"图层，按 Ctrl+J 键复制选区图层为"图层 2"，选中"图层 1"，单击该图层前的"指示通道可见性"图标,显示该图层,如图 8 – 49 所示。按 Ctrl + T 键自由变换图像大小和外形,设置完成后单击选项栏的"进行变换"按钮,应用变换,如图 8 – 50所示。

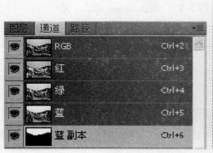

图 8 – 48　将选区反向及 RGB 通道下图像效果

图 8 – 49　复制选区图层　　　　　　　图 8 – 50　对图像进行自由变换

（12）确保"图层 1"为选中状态,按住 Ctrl 键单击"图层 2"的缩览图,将"图层 2"中的图像作为选区载入,如图 8 – 51 和图 8 – 52 所示。

图 8 –51　将图层 2 中的图像载入选区　　　　图 8 – 52　载入选区后图像效果

（13）执行"选择→反向"命令，反向选区。单击图层面板底部的"添加图层蒙版"按钮，为"图层1"添加图层蒙版效果，实现融合效果，如图8-53和图8-54所示。

图8-53　对图像反向选择后添加图层蒙版

图8-54　融合后图像效果

（14）执行"图层→向下合并"命令，按 Ctrl + E 键，合并图层蒙版和"图层2"，如图8-55所示。

图8-55　合并图层

（15）按 Ctrl + Shift + Alt + E 键盖印图层，创建"色阶"调整图层，在打开面板中选择"中间较亮"选项，提高图像亮度，如图8-56所示。

（16）单击"色阶"图层蒙版缩览图，设置前景色为黑色，在天空区域涂抹，修复偏亮的图层，如图8-57所示。

（17）再创建一个"色阶"调整图层，在打开的面板中选择"增强对比度1"选项，增强对比度效果如图8-58所示。

图8-56　提高图像亮度

图8-57　修复偏亮的图层

图 8－58　增加图像对比度

图 8－59　锐化图像

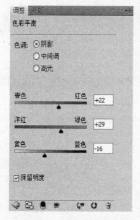

图 8－60　阴影调整

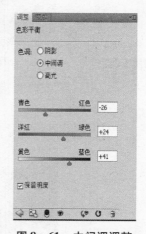

图 8－61　中间调调整

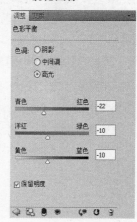

图 8－62　高光调整

（18）盖印图层，执行"滤镜→锐化→USM 锐化"命令，打开"USM 锐化"对话框，在对话框中设置参数，锐化图像，如图 8－59 所示。

（19）创建"色彩平衡"调整图层，在打开的面板中分别对"阴影"和"中间调"颜色进行设置，如图 8－60 和图 8－61 所示。

（20）继续在面板中对"高光"颜色进行设置，变换照片的整体色调，如图 8－62 所示。

（21）创建"照片滤镜"调整图层，在打开的面板中选择"深黄"滤镜，调整图像，如图 8－63所示。

图 8－63　照片滤镜图层调整

（22）单击通道面板中的蓝副本通道，按住 Ctrl 键单击蓝副本通道的通道缩览图，将蓝副本通道中的图像作为选区载入，获取天空选区，如图 8 - 64 所示。

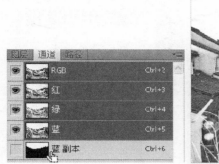

图 8 - 64　选区载入获取天空选区

（23）执行"图像→调整→色相/饱和度"命令，对天空选区的色相/饱和度进行调整，如图 8 - 65 所示。

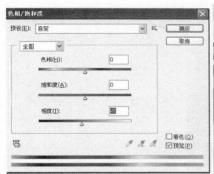

图 8 - 65　调整天空选区的色相/饱和度

（24）盖印图层，设置图层混合模式为"正片叠底"，不透明度为 75%，增强画面的对比度，如图 8 - 66 所示。

图 8 - 66　增强画面的对比度

（25）使用套索工具在图像左侧创建选区，并将选区羽化值设置为 245 像素，执行"图像→调整→曝光度"命令，提亮选区。继续使用选取工具，进行曝光度的调整，直到效果满意为止，如图 8 - 67 所示。

图 8 - 67　提亮选区效果

（26）载入上一步设置的选区，创建"亮度/对比度"调整图层，设置"亮度"为 20，"对比度"为 0，提高选区内图像的亮度，如图 8 - 68 所示。

图 8 - 68　调整亮度/对比度

（27）创建"色阶"调整图层，在打开的面板中设置色阶值为 17，1.17，244，调整图像的色阶，如图 8 - 69 所示。

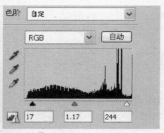

图 8 - 69　调整图像色阶

（28）单击"色阶"图层缩览图，设置前景色为黑色，使用柔角画笔工具在图像上涂抹，恢复天空和白色墙面的影调，如图 8-70 所示。

图 8-70 画笔工具涂抹图层

（29）盖印图层，执行"选择→色彩范围"命令，打开"色彩范围"对话框，在对话框中设置选择范围，创建灯笼选区，如图 8-71 所示。

图 8-71 创建灯笼选区

（30）新建"颜色填充"调整图层，设置填充颜色为红色，再将调整图层的混合模式更改为"柔光"，如图 8-72 所示。

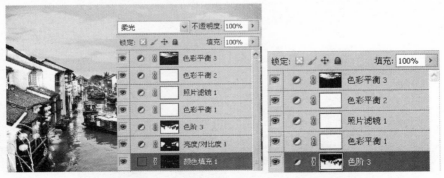

图 8-72 设置柔光图层混合模式

（31）在"图层 4"上方新建一个"色相/饱和度"调整图层，在打开的面板中设置各项参数调整画面的饱和度,如图 8 - 73 所示。

图 8 - 73　设置色相/饱和度

（32）使用裁剪工具创建一个黑色的边框,将黑色调整为背景色进行填充,如图 8 - 74 和图 8 - 75 所示。

图 8 - 74　裁剪工具裁剪图像　　　　　　　　　图 8 - 75　裁剪后的效果

（33）结合文字工具和图形绘制工具添加文字和线条,如图 8 - 76 所示。

图 8 - 76　添加文字和线条

8.2.2　高原景观的效果处理与设计

利用 Photoshop 不仅能够制作出景观更加分明的天空效果,而且能够有效地突出建筑景观明亮的色彩,如图 8 – 77 所示。

图 8 – 77　素材图像和效果图像

操作步骤:

（1）打开需要的素材图像,选择背景图层,并将其复制,然后对图层混合模式进行调整,调整为"叠加",如图 8 – 78 所示。

（2）创建曲线调整图层,在打开的面板中调整曲线形状,提亮图像,如图 8 – 79 所示。

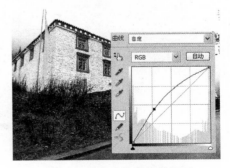

图 8 – 78　调整图像混合模式　　　　　　图 8 – 79　创建曲线调整图层

（3）利用套索工具选择背景图层中多余的树枝部分,执行"编辑→填充→内容识别"命令,打开"填充"对话框,去除多余的树枝,如图 8 – 80 所示。

图 8 – 80　利用 Photoshop CS5 内容识别功能去除树枝

（4）打开需要的素材图像，如图 8-81 所示，单击工具箱中的移动工具，将素材图像拖拽到编辑的图像中，得到"图层 1"，如图 8-82 所示。

图 8-81　蓝天素材图像

图 8-82　将图像拖拽至编辑图像中

（5）选中背景图层，单击"图层 1"前的"指示图层可见性"图标，隐藏"图层 1"的可见状态，如图 8-83 所示。执行"窗口→通道"命令，打开"通道"面板，如图 8-84 所示。

图 8-83　隐藏图层 1 的可见性

图 8-84　打开通道面板

（6）单击通道面板中的蓝通道，在画面中查看蓝通道下的图像效果，如图 8-85 和图 8-86 所示。

图 8-85　选中蓝通道

图 8-86　蓝通道下图像效果

（7）单击并拖拽蓝通道至面板底部的"创建新通道"按钮上，复制蓝通道，得到蓝副本通道，如图 8-87 所示。

图 8 - 87 新建蓝副本通道

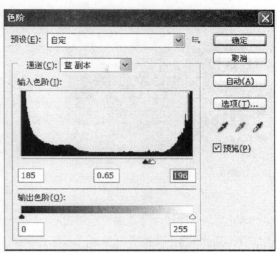

图 8 - 88 设置图像色阶

（8）按 Ctrl + L 键，打开"色阶"对话框，设置色阶值为：185，0.65，196，设置完成后单击"确定"按钮，如图 8 - 88 所示。

（9）在画面中查看为蓝副本通道应用"色阶"命令后的图像效果。在工具箱中设置前景色为黑色，单击工具箱中的画笔工具，在其选项栏中设置其不透明度为 100%，如图 8 - 89 所示。

（10）使用画笔工具在画面适当位置单击并进行涂抹，将图像部分涂抹为黑色。继续使用画笔工具在画面适当位置涂抹，将图像区域涂抹为黑色，如图 8 - 90 所示。

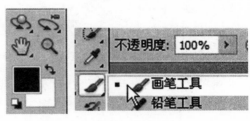

（11）按住 Ctrl 键单击蓝副本通道的通道缩览图。将蓝副本通道中的图像作为选区载入，如图 8 - 91 和图 8 - 92 所示。

图 8 - 89　设置前景色和画笔

图 8 - 90　使用画笔工具涂抹图像

图 8 - 91　将通道载入选区

图 8 - 92　载入选区后图像效果

（12）执行"选择→反向"命令，将选区进行反向。单击 RGB 通道前的"指示通道可见性"图标，在画面中查看 RGB 通道下的图像效果，如图 8 - 93 和图 8 - 94 所示。

<table>
<tr><td>图 8 - 93　将选区反向</td><td>图 8 - 94　RGB 通道下的图像效果</td></tr>
</table>

（13）选中"背景副本"图层，按 Ctrl + J 键，复制选区图层为"图层 2"，选中"图层 1"，单击该图层前的"指示通道可见性"图标，显示该图层，如图 8 - 95 所示。按 Ctrl + T 键，自由变换图像大小和外形，设置完成后单击选项栏的"进行变换"按钮，应用变换，如图 8 - 96 所示。

图 8 - 95　复制选区图层　　　　　　　　　　图 8 - 96　对图像进行自由变换

（14）确保"图层 1"为选中状态，按住 Ctrl 键单击"图层 2"的缩览图，将"图层 2"中的图像作为选区载入，如图 8 - 97 和图 8 - 98 所示。

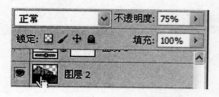

图 8 - 97　按 Ctrl 键单击图层 2 缩览图　　　　图 8 - 98　将图层 2 中图像作为选区载入

（15）执行"选择→反向"命令，反向选区。单击图层面板底部的"添加图层蒙版"按钮，为"图层1"添加图层蒙版，实现融合效果，如图 8-99 和图 8-100 所示。

图 8-99　对图像反向选择后添加图层蒙版　　　　　图 8-100　融合后图像效果

（16）按 Ctrl + Shift + Alt + E 键盖印图层，创建"色相/饱和度"调整图层，在打开的面板中分别对"全图"和"蓝色"的色相/饱和度进行设置，如图 8-101 所示。

图 8-101　对图像色相/饱和度进行调整

（17）执行"选择→色彩范围"命令，打开"色彩范围"对话框，在对话框中设置选择范围，如图 8-102 所示。

图 8-102　调整色彩范围

（18）创建"颜色填充"调整图层，设置填充色为白色，再将调整图层的混合模式更改为"柔光"，不透明度为 10%，如图 8 - 103 所示。

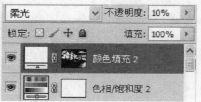

图 8 - 103　创建颜色填充调整图层

（19）选择创建的"颜色填充"图层，设置前景色为黑色，使用柔角画笔工具在云朵上方涂抹，修复云朵的层次，如图 8 - 104 所示。

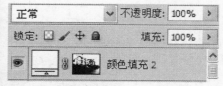

图 8 - 104　修复云朵的层次

（20）执行"选择→色彩范围"命令，在打开的面板中使用吸管工具设置需要调整的选区范围，如图 8 - 105 所示。

（21）设置完选区后，创建"色彩平衡"调整图层，在打开的面板中设置颜色值为 +15，+1，+71，调整颜色，如图 8 - 106 所示。

图 8 – 105　调整色彩范围

图 8 – 106　创建色彩平衡调整图层

（22）执行"选择→色彩范围"命令,在打开的面板中使用吸管工具设置需要调整的选区范围,如图 8 – 107 所示。

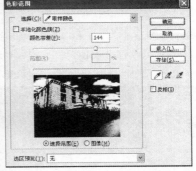

图 8 – 107　调整色彩范围

（23）再次创建"色彩平衡"调整图层,在打开的面板中设置颜色值为 – 22, + 12,0,调整颜色,如图 8 – 108 所示。

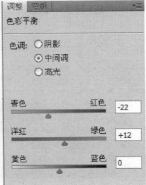

图 8 – 108　创建色彩平衡调整图层

（24）执行"选择→色彩范围"命令，在打开的面板中使用吸管工具设置需要调整的选区范围，如图 8 - 109 所示。

图 8 - 109　调整色彩范围

（25）设置选区后，创建"色阶"调整图层，在打开的面板中选择"增加对比度 2"选项，提高选区内图像的对比度，如图 8 - 110 所示。

（26）创建"色相/饱和度"调整图层，在打开的面板中分别对"全图"、"青色"、"绿色"和"蓝色"的饱和度进行调整，如图 8 - 111 所示。

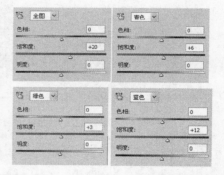

图 8 - 110　增加图像对比度 2　　　　　图 8 - 111　对图像色相/饱和度进行调整

（27）单击图层面板中的"图层 3"，设置其不透明度为 17%，除去蓝色斑点，对图像的颜色进行修饰，如图 8 - 112 所示。

图 8 - 112　除去图像中多余的蓝色斑点

（28）创建"色阶"调整图层,在打开的面板中设置色阶值为 0,1.28,255,如图 8 - 113
所示。

图 8 - 113　创建色阶调整图层

（29）创建"可选颜色"调整图层,设置"绿色"和"黄色"的颜色百分比,如图 8 - 114
所示。

图 8 - 114　设置图像的颜色百分比

（30）载入"图层 2"选区,创建"色阶"调整图层,提亮云彩,增加云朵的层次感,如图
8 - 115所示。

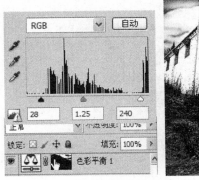

图 8 - 115　增加云朵的层次感

（31）创建"色彩平衡"调整图层,设置"中间调"色阶值为 $-2,0,+38$,修饰画面的整体色调,如图 8 - 116 所示。

图 8 - 116　修饰画面整体色调

8.2.3　景观宣传海报的处理与设计

利用 Photoshop CS5 相关工具和命令可以设计出非常实用的景观宣传海报。

8.2.3.1　新建文件并单击前景色色块

（1）执行"文件→新建"命令,打开"新建"对话框,设置新建文件名称和宽度等各项参数。

（2）设置完成"新建"对话框中的各项参数后单击"确定"按钮,新建文件,单击前景色色块,如图 8 - 117 所示。

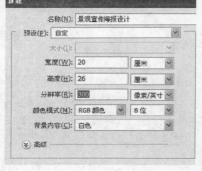

图 8 - 117　新建文件并单击前景色色块

8.2.3.2　设置并填充前景色

（1）打开"拾色器（前景色）"对话框,设置颜色值为#06913A,设置完成后单击"确定"按钮,如图 8 - 118 所示。

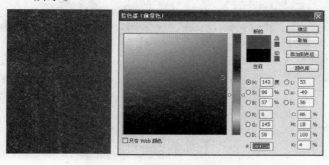

图 8 - 118　填充前景色

（2）按 Alt + Delete 键，为背景图层填充颜色为前景色。

8.2.3.3 创建选区并设置前景色

（1）使用"矩形选取工具"在画面适当位置创建矩形选区。

（2）单击工具箱中的前景色色块，打开"拾色器（前景色）"对话框，设置前景色参数为#A1C910。

（3）单击图层面板底部的"创建新图层"按钮，创建"图层 1"，如图 8 – 119 所示。

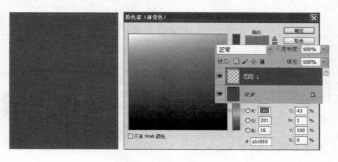

图 8 – 119 创建选区设置前景色

8.2.3.4 填充创建选区

（1）按 Alt + Delete 键，为选区填充前景色。

（2）使用矩形选框工具在画面适当位置单击并拖拽鼠标，创建选区。

（3）单击图层面板底部的"创建新图层"按钮，创建"图层 2"，如图 8 – 120 所示。

8.2.3.5 填充并变换图像位置

（1）使用渐变工具为选区应用线性渐变填充效果。

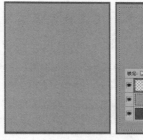

图 8 – 120 填充创建选区

（2）选中"图层 1"，按 Ctrl + T 键，自由变换图像，确定外形后按 Enter 键应用变换。

（3）同理，选中"图层 2"，按 Ctrl + T 键，自由变换图像，如图 8 – 121 所示。

8.2.3.6 创建并填充选区

（1）使用多边形套索工具在画面适当位置创建选区。

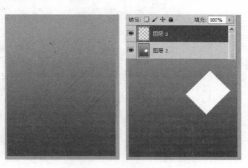

图 8 – 121 填充并变换图像位置　　图 8 – 122 创建并填充选区

（2）单击图层面板底部的"创建新图层"按钮，创建"图层 3"。

（3）将前景色设置为白色，按 Alt + Delete 键为选区填充白色，如图 8 – 122 所示。

8.2.3.7　添加投影并打开素材

（1）为上一步绘制的图像应用投影效果，并打开素材图像。

（2）使用移动工具将打开的素材拖拽至本实例文件中得到"图层 4"，将该图层的不透明度设置为 50% ，如图 8 – 123 所示。

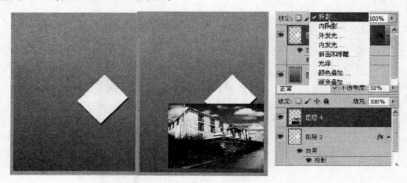

图 8 – 123　添加投影并打开素材

8.2.3.8　调整图形大小和外形

（1）按 Ctrl + T 键，自由变换图像大小，并将图像进行旋转。

（2）右击鼠标，在弹出的快捷菜单中选择"斜切"选项，单击并拖拽图像四周的控制手柄，调整图形外形，如图 8 – 124 所示。

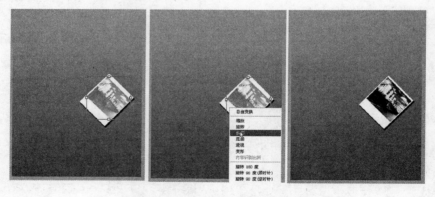

图 8 – 124　调整图形大小和外形

8.2.3.9　向下合并图层并调整图像位置

（1）按 Ctrl + E 键，向下合并图层，得到"图层 3"。

（2）查看设置图层后画面效果，如图 8 – 125 所示。

（3）使用移动工具将设置的图像调整至页面适当位置。

8.2.3.10　打开并设置素材

（1）与前面的方法相同，分别创建填充选区，并为图形添加投影效果，可以使用复制投影效果添加到新图层。

(2) 选中"图层 15",打开需要的素材图像,将其拖拽至工作区中,调整图像外形和位置。

(3) 按 Ctrl + E 键,向下合并图层,得到"图层 14",如图 8 – 126 所示。

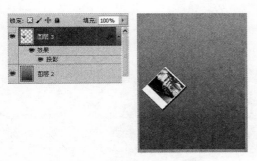

图 8 –125　设置图层后画面效果

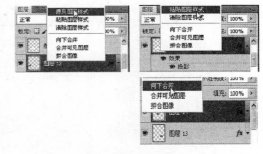

图 8 –126　复制图层样式向下合并

8.2.3.11　载入选区并添加蒙版

(1) 选中"图层 19",按住 Ctrl 键,单击"图层 18"的图层缩览图。

(2) 将"图层 18"中图像作为选区载入。

(3) 单击图层面板底部的"创建新图层"按钮,为"图层 19"添加图层蒙版效果,如图 8 –127所示。

8.2.3.12 添加图层蒙版并向下合并图层

(1) 确保"图层 19"为选中状态。

(2) 按 Ctrl + E 键,向下合并图层,得到"图层 18",如图 8 – 128 所示。

图 8 –127　载入选区并添加蒙版

图 8 –128　添加图层蒙版向下合并图层

(3) 在画面中查看添加图层蒙版并向下合并图层后的画面效果。

8.2.3.13　输入需要的文本并设置属性

(1) 与上一步的方法相同,继续设置画中图像。单击工具箱中的"横排文字工具",在画面中输入需要的文本。

(2) 执行"窗口→字符"命令,打开字符面板,设置文本字体和颜色等参数,如图 8 –129所示。

（3）查看设置文本属性后的图像效果。

8.2.3.14　输入并选中文本设置文本字符

（1）使用横排文字工具输入需要的文本。

（2）双击文本，进入文本编辑状态，选中文本"费用包含"。

（3）单击横排文字工具选项栏中的"切换字符和段落面板"按钮，设置文本字体、大小和颜色参数，如图 8 - 130 所示。

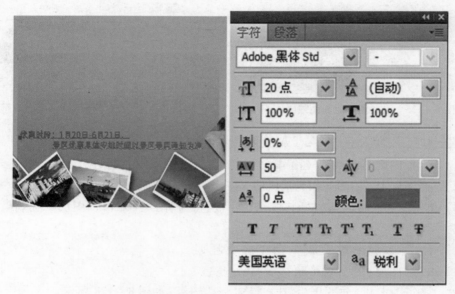

图 8 - 129　设置文本属性

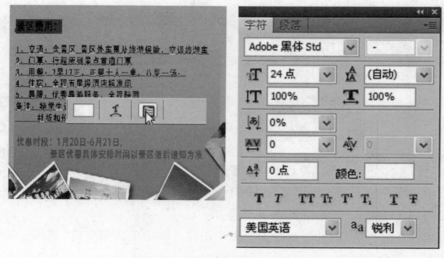

图 8 - 130　设置文本字符

8.2.3.15　设置画面细节图像

（1）使用钢笔工具在画面适当位置绘制线段，在"图层2"上新建"图层19"，并为其应用描边填充效果，如图8－131所示。

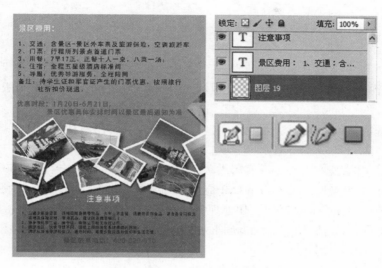

图8－131　设置画面细节

（2）选择画笔工具进行设置画笔大小及硬度，选择路径面板，执行"用画笔描边路径"命令。

（3）设置文本画面适当位置，并调整画面细节，实现图像效果，如图8－132所示。

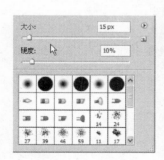

图8－132　图像最终效果

参 考 文 献

［1］瞿颖健. 中文版 Photoshop CS5 白金手册. 北京：人民邮电出版社,2012.

［2］腾龙视觉. Photoshop CS5 中文版从入门到精通. 北京：人民邮电出版社,2012.

［3］刘永平. Photoshop CS5 入门与提高. 北京：科学出版社,2012.

［4］李娜等. Photoshop 实用教程. 北京：北京理工大学出版社,2005.

［5］张立君. Photoshop 图像处理. 北京：中国计划出版社,2007.

［6］洪光,周德云. Photoshop 实用教程. 大连：大连理工大学出版社,2004.

［7］王国省,张光群. Photoshop CS3 应用基础教程. 北京：中国铁道出版社,2009.

［8］李革文. Photoshop 图形图像处理案例教程. 北京：中国水利水电出版社,2008.

［9］侯宝中,郭立清,田东启. Photoshop 图像处理案例汇编. 北京：中国铁道出版社,2007.

［10］朱军. Photoshop CS2 建筑表现技法. 北京：中国电力出版社,2006.

［11］张莉莉,苏允桥. Photoshop 环境艺术设计表现实例教程. 北京：中国水利水电出版社,2008.

［12］李鹏程,王炜. 色彩构成. 上海：上海人民美术出版社,2006.

［13］史喜珍,杨建宏. 三大构成设计. 武汉：武汉理工大学出版社,2007.

［14］邢黎峰. 园林计算机辅助设计教程. 北京：机械工业出版社,2007.

［15］周维权. 中国古典园林史. 北京：清华大学出版社,1999.

［16］高志清. 3DSMAX 现代园林景观艺术设计. 北京：机械工业出版社,2009.

［17］张永君. 3DSMAX 建筑外观表现技法实例详解. 北京：人民邮电出版社,2005.

打造学术精品　服务教育事业
河南大学出版社
读者信息反馈表

尊敬的读者：

感谢您购买、阅读和使用河南大学出版社的＿＿＿＿＿＿＿＿＿＿＿＿＿＿一书，我们希望通过这张小小的反馈表来获得您更多的建议和意见，以改进我们的工作，加强我们双方的沟通和联系。我们期待着能为您和更多的读者提供更多的好书。

请您填妥下表后，寄回或发 E – mail 给我们，对您的支持我们不胜感激！

1. 您是从何种途径得知本书的：

　　□书店　□网上　□报刊　□图书馆　□朋友推荐

2. 您为什么决定购买本书：

　　□工作需要　　□学习参考　　□对本书感兴趣　　□随便翻翻

3. 您对本书内容的评价是：

　　□很好　□好　□一般　□差　□很差

4. 您在阅读本书的过程中有没有发现明显的专业及编校错误，如果有，它们是：

　＿＿＿＿＿＿＿＿＿＿＿＿＿＿＿＿＿＿＿＿＿＿＿＿＿＿＿＿＿＿＿＿＿＿＿＿＿

　＿＿＿＿＿＿＿＿＿＿＿＿＿＿＿＿＿＿＿＿＿＿＿＿＿＿＿＿＿＿＿＿＿＿＿＿＿

　＿＿＿＿＿＿＿＿＿＿＿＿＿＿＿＿＿＿＿＿＿＿＿＿＿＿＿＿＿＿＿＿＿＿＿＿＿

5. 您对哪一类的图书信息比较感兴趣：＿＿＿＿＿＿＿＿＿＿＿＿＿＿＿＿＿＿＿＿＿

6. 如果方便，请提供您的个人信息，以便于我们和您联系（您的个人资料我们将严格保密）：

　　您供职的单位：＿＿＿＿＿＿＿＿＿＿＿＿＿＿＿＿＿＿＿＿＿＿＿＿＿＿

　　您教授的课程（老师填写）：＿＿＿＿＿＿＿＿＿＿＿＿＿＿＿＿＿＿＿＿＿＿

　　您的通信地址：＿＿＿＿＿＿＿＿＿＿＿＿＿＿＿＿＿＿＿＿＿＿＿＿＿＿＿＿

　　您的电子邮箱：＿＿＿＿＿＿＿＿＿＿＿＿＿＿＿＿＿＿＿＿＿＿＿＿＿＿＿＿

请联系我们：

电话:0371 – 86059750

传真:0371 – 86059750

E – mail:zyjyfs2308@163. com

通讯地址:河南省郑州市郑东新区 CBD 商务外环路商务西七街中华大厦 2308 室

河南大学出版社职业教育出版分社